Shwan Omar
Shatha Rouf Mostafa

Stress oxidativo e inflamação na diabetes mellitus tipo II

Shwan Omar
Shatha Rouf Mostafa

Stress oxidativo e inflamação na diabetes mellitus tipo II

ScienciaScripts

Imprint
Any brand names and product names mentioned in this book are subject to trademark, brand or patent protection and are trademarks or registered trademarks of their respective holders. The use of brand names, product names, common names, trade names, product descriptions etc. even without a particular marking in this work is in no way to be construed to mean that such names may be regarded as unrestricted in respect of trademark and brand protection legislation and could thus be used by anyone.

Cover image: www.ingimage.com

This book is a translation from the original published under ISBN 978-3-659-76928-3.

Publisher:
Sciencia Scripts
is a trademark of
Dodo Books Indian Ocean Ltd. and OmniScriptum S.R.L publishing group

120 High Road, East Finchley, London, N2 9ED, United Kingdom
Str. Armeneasca 28/1, office 1, Chisinau MD-2012, Republic of Moldova, Europe
Printed at: see last page
ISBN: 978-620-8-03396-5

ÍNDICE DE CONTEÚDOS:

LISTA DE ABREVIATURAS

(ONOO$^-$)	Peroxynitrite
$\cdot O_2^-$	superoxide ion
$\cdot OH$	Hydroxyl free radical
ANOVA	Analysis of variance
BMI	Body Mass Index
CAT	Catalase
CHD	Coronary heart disease
CRP	C-Reactive Protein
CVD	Cardio Vascular Disease
DNA	Deoxyribo Nucleic Acid
ELISA	Enzyme Linked Immunosorbent Assay
GFR	Glomerular Filtration Rate
GPX	Glutathione peroxidase
GSH	Glutathione
H_2O_2	Hydrogen peroxide
HDL	High Density Lipoprotein
HOCl	Hypoxy chloride
HPLC	High pressure liquid chromatography
IL-18	Interluekin-18
LDL	Low Density Lipoprotein
Mg	Milligram
MMP-9	Matrix metalloprotinase-9
NO	Nitric oxide
NOS	Nitric oxide Synthase
OS	Oxidative stress
R	Correlation Coefficient
RNS	Reactive nitrogen species
ROS	Reactive oxygen species
Rpm	Revolution per minute
SD	Standard deviation
SOD	Super oxide dismutase
TC	Total cholesterol
TG	Triglyceride
XO	Xanthin oxidase
ECM	Extracellular Matrix
STZ	Streptozocin
CAD	Coronary Artery Disease
USRDS	United States Renal Disease Society
TH1	T-Helper Cell-1
TH2	T-Helper cell-2
TNF-α	Tumor Necrosis Factor-alpha
TMB	Tetra Methyl Benzidine

RECONHECIMENTO

Agradeço a Deus por todas as suas bênçãos durante a prossecução dos meus objectivos académicos e profissionais.

Os meus profundos agradecimentos e apreço ao Prof. Dara Omer Mirani, Reitor da Hawler Medical University.

Dr. Alaadin M. Naqishbandi, reitor da Faculdade de Farmácia, pelo seu apoio amável e valioso.

Os meus agradecimentos ao Prof. Dr. Ava Taher Ismael, chefe do departamento, e a todo o pessoal do Departamento de Análises Clínicas.

Gostaria de apresentar a minha profunda gratidão e apreço à minha orientadora, a Professora Doutora Shatha Rouf Moustafa, pelo seu apoio contínuo, instruções e acompanhamento deste estudo.

Os meus agradecimentos ao Prof. Dr. Namir Al-Taweel pela sua amável assistência na análise estatística, que reflectiu uma imagem muito clara de todo o trabalho.

Os meus profundos agradecimentos ao pessoal do centro de diabéticos (Shahida Layla Qasim) pela sua ajuda na recolha de amostras.

Gostaria de agradecer ao pessoal clínico e laboratorial, aos enfermeiros, aos voluntários do estudo e aos pacientes que participaram neste ensaio, sem os quais este estudo não poderia ter sido concluído.

Finalmente, o meu profundo agradecimento à minha mulher pela sua paciência e à minha família pelo seu contínuo encorajamento e apoio.

RESUMO

Este estudo foi concebido para examinar o nível sérico de Matrixmetalloprotinase-9 (MMP-9), Superóxido dismutase (SOD), Interleucina-18 (IL-18) em dois grupos. O grupo de pacientes é composto por 50 pacientes com DM tipo II de ambos os sexos e o grupo de controlo é composto por 45 indivíduos saudáveis com idade e sexo compatíveis. Ambos os grupos preencherão o questionário de base incluído.

Tanto o stress oxidativo como a inflamação de baixo grau estão envolvidos na patogénese da diabetes mellitus tipo II. Assim, este estudo foi concebido para investigar as diferenças nos níveis séricos de Superóxido dismutase como um potencial marcador de estresse oxidativo e interleucina-18 como marcador inflamatório que desempenham papéis importantes na progressão e desenvolvimento do DM2 em comparação com o grupo de controle, e investigando Matrixmetalloprotinase-9, que enzima de degradação da matriz extracelular que também tem papéis importantes no desenvolvimento de complicações de DM, e descobrir sua associação com a concentração de glicose no sangue.

Métodos : Os níveis séricos de (Matrixmetalloprotinase-9 (MMP-9), Superóxido dismutase (SOD), Interleucina-18 (IL-18)) foram medidos utilizando o teste ELISA.

Resultados: os resultados mostram uma diferença significativa no nível sérico dos três parâmetros no grupo de doentes em comparação com o grupo de controlo. O nível sérico de superóxido dismutase foi inferior no grupo de doentes (301 ± 97) em comparação com o grupo de controlo (501 ± 162) ($p<0,001$). Além disso, o nível sérico da Matrixmetalloprotinase-9 e

3

da Interleucina-18 foi significativamente maior nos doentes (2,632 ± 1,745) (93,996 ±21,297) em comparação com o grupo de controlo (1,506±0,945, p < 0,001) (48,4 ±26,375, p < 0,001), respetivamente.

Conclusão: a inflamação e o stress oxidativo são as principais vias das complicações da diabetes, e a deterioração da degradação da matriz extracelular desempenha um papel importante nas complicações da DM2. Assim, há um aumento das citocinas pró-inflamatórias e inflamatórias, e o stress oxidativo leva à diminuição da superóxido dismutase, que é um forte antioxidante.

INTRODUÇÃO

O termo "diabetes mellitus" descreve uma doença metabólica de etiologia múltipla caracterizada por hiperglicemia crónica com perturbações do metabolismo dos hidratos de carbono, das gorduras e das proteínas resultantes de defeitos na secreção de insulina, na ação da insulina ou em ambas. Os efeitos da diabetes mellitus incluem danos a longo prazo, disfunção e falência de vários órgãos (OMS 1999).

Existem dois tipos principais de Diabetes Mellitus de acordo com a classificação da OMS:

A diabetes mellitus tipo I, também conhecida como DM insulinodependente, ocorre geralmente na infância e, por vezes, na idade adulta, caracterizando-se pela ausência total de insulina, devendo o doente depender do tratamento com insulina ao longo da sua vida para sobreviver.

A diabetes mellitus tipo II desenvolve-se geralmente na idade adulta e está relacionada com a obesidade, a falta de atividade física e dietas pouco saudáveis. Este é o tipo mais comum de diabetes, representando 90% dos casos de diabetes em todo o mundo. O tratamento pode envolver apenas alterações do estilo de vida e perda de peso, ou medicamentos orais ou mesmo injecções de insulina.

Dado que a diabetes mellitus é uma doença metabólica, as suas consequências afectam a maior parte dos sistemas do corpo e as suas complicações são muito vastas, pelo que o processo inflamatório e o estado oxidativo são dois sistemas importantes que são afectados pela diabetes mellitus. Por conseguinte, este estudo será concebido para explorar o impacto da SOD, da IL-18 e da MMP-9 como marcadores do stress oxidativo e dos processos inflamatórios.

O stress oxidativo é definido como um desequilíbrio entre a produção de espécies reactivas de oxigénio e as defesas antioxidantes endógenas, resultando quer de um aumento da produção de radicais livres, quer de uma diminuição das defesas antioxidantes endógenas, ou de ambos (Rosen et. al 2001).

O stress oxidativo e o processo inflamatório estão envolvidos no desenvolvimento e na progressão da diabetes mellitus. O stress oxidativo desempenha um papel importante na patogénese da DMT2 (Bisht et al , 2010).

A hiperglicemia conduz ao stress oxidativo, suprimindo as defesas antioxidantes, o que leva a um aumento da formação de radicais livres e, consequentemente, provoca stress oxidativo (Simmi et al,2010).

O stress oxidativo e a inflamação não estão associados apenas à DM. Estão também relacionados com factores predisponentes da DMT2. A obesidade e a síndrome metabólica, condições que são consideradas passos chave na progressão da resistência à insulina para a DM2, estão associadas tanto ao stress oxidativo como à inflamação (Urakawa H. et.al 2003).

A hipótese deste estudo é que haverá alteração nos níveis séricos de SOD, IL-18 e MMP-9 em pacientes com DM2. Para testar esta hipótese, a SOD, a IL-18 e a MMP-9 serão medidas pela técnica ELISA em 50 doentes com diabetes mellitus tipo 2 e em 45 adultos aparentemente saudáveis, com a mesma idade e o mesmo sexo, que foram incluídos neste estudo prospetivo de controlo de casos para efeitos de comparação como grupo de controlo.

Uma vez que a diminuição do metabolismo da glicose conduz ao stress oxidativo e a reacções inflamatórias, o objetivo deste estudo é investigar o efeito da diabetes mellitus no perfil sérico da SOD como biomarcador do estado oxidante/antioxidante, da IL-18 e da MMP-9 como biomarcadores do processo inflamatório. O resultado secundário é descobrir o efeito do género nos níveis séricos dos parâmetros em causa, comparando homens e mulheres. E descobrir o efeito da idade e do género no nível sérico destes biomarcadores. Detetar a relação entre o controlo da glicemia e os parâmetros estudados e, finalmente, detetar o coeficiente de correlação entre os parâmetros estudados.

O aumento do stress oxidativo promove a glicação das proteínas (Evans et al.). Neste estudo, o objetivo foi identificar se o stress oxidativo ocorre em doentes com DMT2. E descobrir a relação entre o controlo da diabetes e o nível sérico de marcadores inflamatórios antioxidantes. Comparando o nível sérico de SOD, MMP-9 e IL-18 de diferentes fases do controlo da glicemia com o controlo glicémico (HbA1C %), que é um bom marcador para o controlo da diabetes, a fim de encontrar a relação entre o controlo glicémico e o stress oxidativo através da medição do nível sérico de SOD, e o controlo glicémico e o processo inflamatório através da medição sérica de IL-18 e MMP-9, por outro lado.

O stress oxidativo é atualmente reconhecido como um dos principais factores patogénicos dos danos celulares causados pela hiperglicemia (Evans et al.). Assim, a importância clínica deste estudo é descobrir uma relação clara entre a DMT2 e o stress oxidativo e a inflamação.

A hipótese inflamatória da DM propôs uma relação entre inflamação e DM. A sugestão deste estudo baseou-se na observação de que a inflamação tem sido implicada na progressão e no desenvolvimento da diabetes mellitus tipo 2 (DM2). Para este efeito, investigámos o papel do marcador inflamatório IL-18 como potencial preditor do processo inflamatório na diabetes mellitus tipo 2.

Uma das conclusões significativas do presente estudo é a presença de uma correlação entre os parâmetros biológicos dos doentes, como a atividade das enzimas antioxidantes, as citocinas, a MMP-9 e o nível de controlo da diabetes.

OBJECTIVOS DO ESTUDO

1-Medição dos níveis séricos de SOD, MMP-9 e IL-18 e comparação entre doentes com DMT2 e indivíduos saudáveis com a mesma idade e sexo.

2-Descobrir o efeito do controlo da glicose no sangue sobre o nível sérico de SOD, MMP-9 e IL-18.

3-Correlação entre a SOD antioxidante e os marcadores inflamatórios IL-18 e MMP-9 em doentes com DMT2

4-Efeito de outros factores (idade e sexo) nos parâmetros estudados.

OBJECTIVOS ESPECÍFICOS

1-Avaliar e comparar a diferença nos níveis séricos de:

(Superóxido dismutase, Matriz-metaloprotinase-9, Interleucina -18)

Em doentes com diabetes mellitus tipo II e em indivíduos saudáveis.

2- Descobrir a correlação entre HbA1C e (SOD, IL-18, MMP-9)

3- Descobrir a correlação entre os parâmetros estudados.

4-Investigar o efeito de (idade e género) em (SOD, MMP-9, & IL-18)

CAPÍTULO 1
REVISÃO DA LITERATURA

Diabetes Mullitus

A diabetes, simplesmente, é uma doença crónica que ocorre quando o pâncreas deixa de ser capaz de produzir insulina ou quando o organismo não consegue utilizar corretamente a insulina que produz. A insulina é uma hormona produzida pelo pâncreas, que actua como uma chave que permite que a glicose dos alimentos que ingerimos passe da corrente sanguínea para as células do corpo para produzir energia. Todos os alimentos com hidratos de carbono são decompostos em glucose no sangue. A insulina ajuda a glicose a entrar nas células. (Federação Internacional da Diabetes)

1.1. Classificações da Diabetes Mellitus

Existem dois tipos principais de diabetes , de acordo com a classificação da OMS:

1.1.1 Diabetes mellitus tipo I (DMT1)

Anteriormente conhecida como Diabetes Mellitus Insulino-Dependente (IDDM). Caracteriza-se por hiperglicemia devido a uma deficiência absoluta da hormona insulina produzida pelo pâncreas. Os doentes necessitam de injecções de insulina durante toda a vida para sobreviverem. Geralmente desenvolve-se em crianças e adolescentes, embora possa ocorrer mais tarde na vida. Pode apresentar-se com sintomas graves, como coma ou cetoacidose. Normalmente, os doentes com este tipo de diabetes não são obesos, mas a obesidade não é incompatível com o diagnóstico.

Os doentes correm um risco elevado de desenvolver complicações microvasculares e macrovasculares (OMS 2006).

A DM1 é causada pela destruição autoimune das células beta do pâncreas, com a presença de determinados anticorpos no sangue, ou é uma doença complexa causada por mutações em mais do que um gene, bem como por factores ambientais.

1.1.2 Diabetes Mellitus tipo 2 (T2DM)

Anteriormente designada por diabetes mellitus não insulino-dependente (NIDDM). Caracteriza-se por hiperglicemia devido a um defeito na secreção de insulina, normalmente com uma contribuição da resistência à insulina. Em geral, os doentes não necessitam de insulina durante toda a vida, mas podem controlar a glicemia apenas com dieta e exercício físico ou em combinação com medicamentos orais. Por vezes, a insulina é utilizada para controlar a glicemia. Normalmente, mas nem sempre, desenvolve-se na idade adulta e está a aumentar nas crianças e adolescentes. A DMT2 está relacionada com a obesidade, a diminuição da atividade física e dietas pouco saudáveis. Tal como no DM1, os doentes correm um risco mais elevado de complicações microvasculares e macrovasculares (American Diabetes Association).

Embora a causa exacta da DMT2 não seja clara, pode estar associada a:

- obesidade, diminuição da atividade física e dietas pouco saudáveis (e envolve resistência à insulina em quase todos os casos).

- Ocorre mais frequentemente em indivíduos com hipertensão, dislipidemia e obesidade central, e é um componente da "síndrome metabólica".
- Frequentemente ocorre em famílias, mas é uma doença complexa causada por mutações em mais do que um gene, bem como por factores ambientais. (Associação Americana de Diabetes, 2007).

1.2. Diagnóstico de Diabetes Mellitus

De acordo com a Associação Americana de Diabetes, o diagnóstico pode ser feito através de

Glicemia em jejum

Este teste verifica os níveis de glucose no sangue em jejum. Jejum significa não ter comido ou bebido nada, exceto água, durante pelo menos 8 horas antes do teste. Este teste é normalmente feito logo de manhã, antes do pequeno-almoço.

Fasting Blood Glucose

Glucose Level	Indication
From 70 to 99 mg/dL (3.9 to 5.5 mmol/L)	Normal fasting glucose
From 100 to 125 mg/dL (5.6 to 6.9 mmol/L)	Impaired fasting glucose (pre-diabetes)
126 mg/dL (7.0 mmol/L) and above on more than one testing occasion	Diabetes

Teste oral de tolerância à glucose (OGGT)

O TOTG é um teste de duas horas que verifica os níveis de glucose no sangue antes e 2 horas depois de beber uma bebida doce especial. Indica-lhe como o seu corpo processa a glucose.

Teste oral de tolerância à glucose (OGTT)

Sample drawn 2 hours after a 75-gram glucose drink.	
Glucose Level	**Indication**
Less than 140 mg/dL (7.8 mmol/L)	Normal glucose tolerance

| From 140 to 200 mg/dL (7.8 to 11.1 mmol/L) | Impaired glucose tolerance (pre-diabetes) |
| Over 200 mg/dL (11.1 mmol/L) on more than one testing occasion | Diabetes |

Hemoglobina glicosilada HbA1C

O teste A1C mede a glicemia média dos últimos 2 a 3 meses. As vantagens de ser diagnosticado desta forma são o facto de não ter de estar em jejum nem de beber nada.

Se a HbA1C for inferior a 5,7%, é considerada normal; de 5,7 a 6,4% é considerada pré-diabetes; mais de 6,5 é considerada diabetes.

1.3. Epidemiologia da Diabetes Mellitus

A diabetes está presente em quase todas as populações e a sua prevalência continuará a aumentar a nível mundial sem programas eficazes de prevenção e controlo. Estima-se que a prevalência da diabetes seja atualmente de cerca de 6,4% em todo o mundo e que tenha havido um aumento dramático no diagnóstico da diabetes mellitus tipo 2 nas últimas duas décadas (shaw et al, 2010).

A diabetes mellitus (DM) é uma endemia mundial com uma prevalência crescente tanto nos países em desenvolvimento como nos países desenvolvidos (Berry et al ,2007).

A Federação Internacional da Diabetes (IDF) sugere que cerca de 6,6% da população mundial vive atualmente com diabetes mellitus, prevendo-se que aumente para 7,8% até 2030 (Federação Internacional da Diabetes, 2009). Significativamente, as projecções sugerem que, até 2030, as perturbações depressivas unipolares se tornarão o principal fator de morbilidade a nível mundial e a diabetes mellitus passará também para o top 10 (Mathers e Fat, 2008).

A Organização Mundial de Saúde estima que mais de 346 milhões de pessoas em todo o mundo têm DM. Este número é suscetível de mais do que duplicar até 2030 se não houver qualquer intervenção (Saurabh et al ,2013).

Anteriormente, pensava-se que se tratava de uma doença que ocorria sobretudo nos países desenvolvidos. Mas descobertas recentes revelam um aumento do número de novos casos de DMT2 com um início mais precoce e complicações associadas nos países em desenvolvimento (Kinra et al, 2010; Narayanappa et al ,2011).

Estudos recentes indicam que a diabetes afecta atualmente um número impressionante de 10-16% da população urbana e 5-8% da população rural na Índia e no Sri Lanka (Katulanda et al, 2008).

De acordo com um relatório da OMS, a Índia lidera atualmente o mundo com mais de 32 milhões de doentes diabéticos e prevê-se que este número aumente para 79,4 milhões até 2030 (Mohan et al ,2005).

De facto, estima-se que a prevalência de DM2 na Suécia seja 2-3 vezes superior entre os imigrantes do Médio Oriente em comparação com os habitantes de origem sueca (Wandell et al ,2008).

A nível mundial, o Médio Oriente é altamente afetado pela DMT2, com uma taxa de prevalência que varia entre 7 e 22% (Mansour et al ,2008).

A prevalência da diabetes é mais elevada entre os idosos e em determinados grupos étnicos, especialmente afro-americanos, hispano-americanos e nativos americanos. As pessoas com diabetes têm um risco duas a quatro vezes maior de desenvolver doenças cardiovasculares, doenças vasculares periféricas e acidentes vasculares cerebrais. Estas complicações são responsáveis por 65% da mortalidade causada pela diabetes e, a partir de 2006, fizeram da diabetes a sétima principal causa de morte nos Estados Unidos (Dall et al ,2008; American Diabetes Association, 2010)

1.4. Complicações da Diabetes Mellitus

Infelizmente, a diabetes é muitas vezes diagnosticada relativamente tarde no decurso da doença. Numa altura em que muitos doentes já desenvolveram complicações. As complicações da diabetes podem ser macrovasculares (complicações cardiovasculares) ou microvasculares (nefropatia, neuropatia, retinopatia) (Kahn, 2008).

O encargo económico associado à diabetes é substancial, com custos nos EUA estimados em 174 mil milhões de dólares em 2007 e um em cada cinco dólares gastos em cuidados de saúde com alguém diagnosticado com diabetes (Dall et al, 2008). O impacto da diabetes na saúde dos indivíduos e o seu encargo económico para a sociedade fizeram da sua prevenção um dos principais objectivos da era atual.

A DM1 não pode ser prevenida, uma vez que se deve maioritariamente a uma doença autoimune. A diabetes tipo 2 é uma doença heterogénea caracterizada por dois defeitos metabólicos inter-relacionados, a resistência à insulina associada a uma secreção deficiente de insulina pelas células 0 do pâncreas (Kahn, 2008).

Por conseguinte, as estratégias que visam estes dois mecanismos, melhorando a sensibilidade à insulina e protegendo a função das células 0, tornaram-se o foco dos esforços de prevenção. Pensa-se que a perda de peso e a atividade física, bem como alguns medicamentos, melhoram tanto a sensibilidade como a secreção de insulina.

A diabetes mellitus (DM) é uma doença crónica com complicações macrovasculares e microvasculares a longo prazo, incluindo a nefropatia diabética, a neuropatia e a retinopatia. É uma das principais causas de morte, incapacidade e cegueira (Zhang et al, 2008). As taxas de mortalidade dos doentes com DMT2 em diferentes países são até quatro vezes superiores às da população não diabética e o aumento da mortalidade tem sido atribuído principalmente à aceleração da doença macrovascular (Kannel et al, 1986).

As doenças cardiovasculares são a principal causa de morte dos doentes com diabetes tipo 2 (International Diabetes Federation, 2003). Estima-se que a retinopatia diabética seja responsável por 5% de todos os casos de cegueira a nível mundial (Resnikoff, 2004).

Até 50% dos doentes que recebem terapia de substituição renal (TSR) têm nefropatia diabética (USRDS, 2005).

É um facto bem estabelecido que a diabetes mellitus é um fator de risco para a doença cardiovascular (Sobel ,2007), que é a principal causa de morte na população diabética (Gregg et al ,2007).

1.5. Stress oxidativo e diabetes mellitus tipo II

Uma das principais vias para o desenvolvimento de complicações vasculares é a produção de espécies radioactivas de oxigénio (ROS) (Johansen et al ,2005). Existem múltiplas fontes de stress oxidativo na diabetes, incluindo vias não enzimáticas e enzimáticas (Valko et al ,2007). O stress oxidativo é definido como um desequilíbrio entre a produção de radicais livres e metabolitos reactivos, designados por oxidantes, e a sua eliminação por mecanismos de proteção, designados por sistemas antioxidantes (Rosen et al. 2001). Este desequilíbrio conduz à danificação de biomoléculas e órgãos importantes, com potencial impacto em todo o organismo. Os processos de oxidação e antioxidantes estão associados à transferência de electrões, influenciando o estado Redox das células e do organismo.

Os radicais livres e as espécies reactivas de oxigénio (ROS) têm sido implicados numa grande variedade de doenças degenerativas, incluindo o cancro, as doenças cardiovasculares, a diabetes e as suas complicações. Cada vez mais provas indicam que o stress oxidativo aumenta durante a diabetes devido à produção excessiva de ROS e à diminuição da eficiência das defesas antioxidantes, que começa muito cedo e se agrava ao longo do curso da doença (Evans et al. 2005).

A hiperglicemia aumenta os níveis plasmáticos de ácidos gordos livres (AGL) e a hiperinsulinemia, todos eles associados a um aumento da produção de espécies reactivas de oxigénio (ERO) e de espécies reactivas de azoto (ERN) (Evans et al. 2005). As ROS e as RNS activam o fator nuclear ΚB (NFKB), um fator de transcrição pró-inflamatório, que desencadeia uma cascata de sinalização que conduz a uma síntese contínua de espécies oxidantes e a uma inflamação crónica de baixo grau (Calder PC et al. 2009).

Um conjunto significativo de provas sublinha o papel fundamental das respostas imunes inatas anormais e da inflamação crónica de baixo grau na patogénese da resistência à insulina e no desenvolvimento da DMT2. As citocinas inflamatórias podem aumentar a resistência à insulina diretamente nos adipócitos, músculo e células hepáticas (Pickup JC 2004). O que leva a uma perturbação sistémica da sensibilidade à insulina e a uma diminuição da homeostase da glicose. O aumento dos níveis de citocinas pró-inflamatórias leva à produção hepática e à secreção de marcadores inflamatórios de fase aguda que aparecem nas fases iniciais da DM2. E as suas concentrações circulantes aumentam à medida que a doença progride (Pickup JC 2004).

A inflamação crónica está intimamente associada ao stress oxidativo, uma presença exagerada de espécies moleculares altamente reactivas, que conduz a potenciais danos nos tecidos (Evans JL et al. 2005). O stress oxidativo resulta quer de um aumento da produção de radicais livres, quer de uma diminuição das defesas antioxidantes endógenas, ou de ambos.

A obesidade e o síndroma metabólico são condições que são consideradas etapas fundamentais na progressão da resistência à insulina para a DMT2. Tanto a obesidade como a síndrome metabólica estão associadas ao stress oxidativo e à inflamação (Urakawa et al. 2003).

A redução dos desequilíbrios oxidativos e da inflamação pode levar a uma melhoria da sensibilidade à insulina e a um atraso no aparecimento da doença. As medidas que previnem o desenvolvimento do stress oxidativo e da inflamação podem constituir uma estratégia viável para a prevenção e controlo da DMT2. A ingestão alimentar de micronutrientes tem sido associada a níveis reduzidos de stress oxidativo, citocinas pró-inflamatórias e risco de DM2 em vários estudos transversais e de intervenção (Badawi et al. 2010).

A oxidação é um processo químico através do qual os electrões são removidos das moléculas e são gerados radicais livres altamente reactivos. Os radicais livres incluem ROS como o superóxido e o hidroperoxil e RNS como o óxido nítrico e o dióxido de azoto (Urakawa H 2003). As espécies reactivas surgem como subprodutos naturais do metabolismo aeróbico. Desempenham um papel em numerosas cascatas de sinalização e processos fisiológicos como a fagocitose, o vasorelaxamento e a função dos neutrófilos.

No entanto, uma oxidação excessiva pode desencadear reacções em cadeia citotóxicas que danificam os lípidos das membranas, as proteínas, os ácidos nucleicos e os hidratos de carbono. Por conseguinte, a capacidade do soro para controlar a produção de radicais livres é definida como o "estado antioxidante total" (Johansen JS 2005).

O papel de transdução de sinal dos ERO resulta da sua capacidade de ativar uma série de cinases sensíveis ao stress, cujos efeitos a jusante medeiam a resistência à insulina (Evans et al., 2005). A ativação destas quinases regula e ativa o NFKB e a proteína activadora-1 (AP-1), que subsequentemente (a) ativa a c-Jun N terminal quinase (JNK) e o inibidor da NFKB quinase-P (IKK) (b) regula por via transcricional os genes das citocinas pró-inflamatórias, e (c) aumenta a síntese dos reagentes de fase aguda. Esta cascata molecular reduz a sinalização a jusante provocada pela insulina através da desregulação do substrato-1 do recetor de insulina (IR) (IRS-1), o principal alvo molecular do IR (Aguirre V et al 2000).

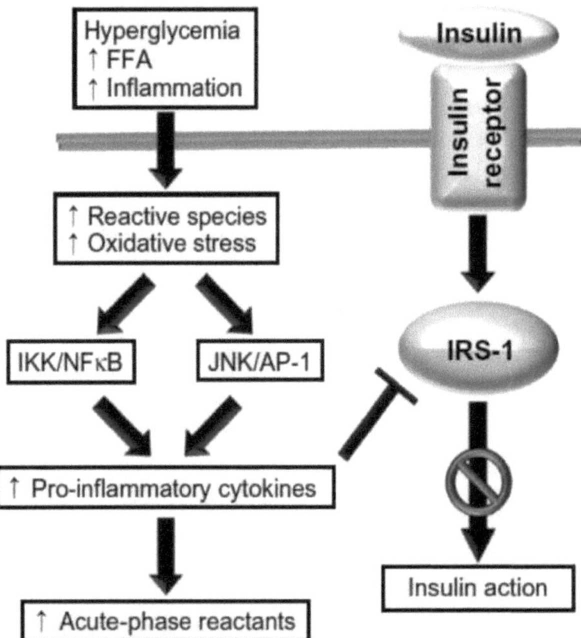

Figura 1.1 O papel do stress oxidativo e da inflamação na DMT2.

Uma série de estímulos, como a hiperglicemia, níveis elevados de ácidos gordos livres (AGL) circulantes e inflamação crónica, levam a um aumento da produção de espécies moleculares reactivas. E isto, por sua vez, pode levar ao stress oxidativo.

Os oxidantes activam os eixos JNK/AP-1 e IKK-NFκB, o que leva a uma regulação positiva da transcrição de genes de citocinas pró-inflamatórias e a um aumento da produção de citocinas e de reagentes de fase aguda. As citocinas prejudicam a ação do substrato do recetor da insulina.

Simultaneamente, a inflamação que se segue leva a um aumento da produção de espécies oxidantes reactivas. O que faz pender a balança a favor de um stress oxidativo elevado e das vias pró-inflamatórias mediadas pelo NFKB (Evans et. al).

Os mediadores inflamatórios e os oxidantes desempenham um papel nas vias inflamatórias que perturbam a sinalização da insulina. Acredita-se que a modulação da sua ação com factores antioxidantes ou anti-inflamatórios melhora a sensibilidade à insulina e a homeostase da glicose (Hotamisligil GS 1995).

O stress oxidativo na diabetes tem origem em várias vias, incluindo processos não enzimáticos, enzimáticos e mitocondriais. A hiperglicemia modifica o equilíbrio redox através da via do poliol, em que a glicose é reduzida a sorbitol, com subsequente diminuição dos níveis de NADPH e glutatião reduzido, ativa a oxidação e interfere com a cadeia de transporte de electrões mitocondrial (Facchini FS et al. 2000).

Estes processos geram subprodutos que podem desencadear várias cascatas de sinalização, por exemplo, a ativação da proteína quinase C para aumentar ainda mais a síntese de espécies oxidativas reactivas (Inoguchi T et al. 2000). De forma não enzimática, a autoxidação da glicose gera radicais hidroxilo e leva à formação de produtos finais de glicação avançada que influenciam a transcrição de genes pró-inflamatórios para promover um maior stress oxidativo. (Facchini FS et al. 2000)

Em indivíduos saudáveis, a hiperglicemia foi também associada ao stress oxidativo (Marfella R et al. 2000)

O stress oxidativo e a inflamação crónica estão intimamente ligados através de mecanismos de feedback positivo. Ambos os factores estão associados à DMT2. Os níveis elevados de AGL circulantes, caraterísticos da DMT2, influenciam o stress oxidativo através da fosforilação oxidativa nas mitocôndrias (Savage DB et al. 2005)

As espécies reactivas podem desempenhar um papel direto na sensibilidade, secreção e ação da insulina, tanto em modelos animais como humanos.

Por exemplo, ratos não diabéticos aos quais foram infundidos níveis elevados de glicose e aos quais foi administrado um dos dois antioxidantes, N-acetilcisteína ou taurina, não desenvolveram resistência à insulina, apesar de serem hiperglicémicos, o que sugere que o stress oxidativo pode desempenhar um papel na resistência à insulina induzida pela glicose e que este efeito pode ser prevenido por factores antioxidantes (Haber et al. 2003).

Também se verificou que o stress oxidativo coexiste com a resistência à insulina em doentes com DM2.

E a resistência à insulina foi observada em mulheres obesas com um estado antioxidante total reduzido. Estudos efectuados em modelos animais e em seres humanos demonstraram que a interrupção da via IKK-NFкB melhora a sensibilidade à insulina relacionada com a obesidade (Facchini et al. 2000).

É bem sabido que a DM2 é acompanhada por uma perda lenta intracelular (Zinco), pelo que a suplementação com zinco demonstrou reduzir os subprodutos relacionados com o stress oxidativo e diminuir as citocinas pró-inflamatórias (Hashemipour et al. 2009).

O stress oxidativo é causado por um desequilíbrio entre a produção de oxidantes ou ROS e a capacidade de um sistema biológico para desintoxicar rapidamente os intermediários reactivos ou reparar os danos resultantes.

O resultado final é a oxidação de macromoléculas importantes, incluindo proteínas, lípidos, hidratos de carbono e ADN. Cada vez mais provas indicam que o stress oxidativo desempenha um papel fundamental no desenvolvimento de complicações diabéticas micro e macro vasculares (Giacco e Brownlee, 2010).

A implicação do stress oxidativo na patogénese da diabetes é sugerida não só pela geração de radicais livres de oxigénio, mas também devido à glicosilação não enzimática das proteínas e à auto-oxidação da glicose (Mullarkey et al ,1990). A formação de espécies reactivas de oxigénio (ROS) induzida pela hiperglicemia e

Os RNS, incluindo o superóxido ('), o H2O2 e o peroxinitrito (ONOO-), estão envolvidos na patogénese das complicações vasculares. O stress oxidativo é atualmente sugerido como um mecanismo subjacente à diabetes e às complicações diabéticas. É importante salientar que foi demonstrada uma relação direta entre a gravidade da DM e o grau de stress oxidativo (Kruger et al, 2005).

1.6. Enzimas anti-oxidantes

As enzimas antioxidantes são proteínas endógenas que trabalham em combinação para proteger as células dos danos causados pelas espécies reactivas de oxigénio (ROS). Os antioxidantes celulares mais bem estudados são as enzimas superóxido dismutase (SOD), catalase e glutationa peroxidase. Os antioxidantes enzimáticos menos estudados (mas provavelmente igualmente importantes) são as peroxirredoxinas e a sulfiredoxina recentemente descoberta. Outras enzimas com propriedades antioxidantes, embora este não seja o seu papel principal, incluem a paraoxonase, glutationa-S transferases e aldeído desidrogenases.

1.6.1 Superóxido Dismutase (SOD, EC 1.15.1.1)

As superóxido dismutases são enzimas que catalisam a dismutação do superóxido (O2-) em oxigénio e peróxido de hidrogénio. Assim, constituem uma importante defesa antioxidante em quase todas as células expostas ao oxigénio (Hart, 2006).

Nos mamíferos, existem três isoformas de SOD: CuZnSOD citoplasmática (SOD1), MnSOD mitocondrial (SOD2) e CuZnSOD extracelular (SOD3, ecSOD) (Fridovich , 1997).

Cada isoforma da SOD é derivada de genes distintos, mas catalisa a mesma reação, produzindo H2O2 a partir de O2 ''' (Faraci e Didion ,2004) .

Essa enzima está presente em alta concentração nas hemácias, neutrófilos e outras células do corpo. A enzima tem dois sítios de ligação a metais:

$$SOD\text{-}Me^{+2} + O_2^{\bullet} \rightarrow SOD\text{-}Me^{+} + O_2$$

$$SOD\text{-}Me^{+} + O_2^{\bullet} \rightarrow SOD\text{-}Me^{+2} + H_2O_2$$

$$2O_2^{\bullet} \rightarrow H_2O_2 + O_2$$

<u>Isoformas</u>

1- Enzima contendo Cobre e Zinco (Eucaryote)
2- Enzimas que contêm Mn (procariotas e eucariotas)
3- Enzima que contém ferro (procariota)

O radical anião superóxido é formado por diferentes reacções nãoenzimáticas e enzimáticas no interior da célula. As superóxido dismutases (SOD) catalisam a rápida dismutação do radical superóxido em peróxido de hidrogénio e oxigénio. A taxa desta reação é 10.000 vezes superior à da dismutação espontânea.

O efeito da diabetes na atividade da SOD é irregular, sem um padrão discernível com base no sexo, na espécie animal, na duração da diabetes ou no tecido estudado. A atividade renal, por exemplo, está dentro dos níveis normais às 3 e 6 semanas após a STZ, mais baixa do que o normal às 6 semanas após a STZ, mas também elevada após 6 ou 12 semanas de diabetes. No fígado, a atividade da SOD está deprimida na terceira ou quarta semana de diabetes, mas é normal ou elevada 8 semanas após a STZ (Bisht et al. 2010). Kaul et al. constataram que a atividade da SOD cardíaca diminuiu após 4 ou 8 semanas de diabetes, mas Stefek et al. relataram uma atividade cardíaca elevada às 32 semanas, e a atividade na aorta parece não ser afetada pela diabetes.

Numerosos relatórios indicam a variação dos níveis de antioxidantes em doentes com DMT2 (Prakash e Sudhas 2012) afirmam que a SOD está significativamente diminuída em comparação com os indivíduos de controlo, e explicam a alteração devido à reação de produtos de peroxidação lipídica e outros oxidantes com a SOD e a enzima SOD perde a sua atividade antioxidante.

1.7. Inflamação e Diabetes Mellitus Tipo II

Vários autores têm discutido a existência de um estado pró-inflamatório na resistência à insulina e na DMT2, incluindo a ativação de vários dos mesmos aspectos da imunidade. Este facto é frequentemente apontado como uma ligação chave entre a DMT2 e muitas doenças, incluindo aquelas tão significativas como a obesidade e as doenças cardiovasculares (Donath e Shoelson, 2011).

A inflamação está a emergir como um mecanismo etiológico concebível para a diabetes tipo 2. As interleucinas são proteínas reguladoras com capacidade para acelerar ou inibir processos inflamatórios (Enrique et al ,2003)

A inflamação está fortemente envolvida no início e no desenvolvimento da doença diabética, que é acompanhada pelo aparecimento de numerosos biomarcadores inflamatórios. Estudos recentes realizados na última década demonstraram que a inflamação é um processo fundamental no desenvolvimento da diabetes mellitus e das complicações diabéticas. A glicose elevada foi um fator de previsão independente de eventos e, para todos os marcadores inflamatórios, as taxas de eventos foram mais elevadas em indivíduos com glicose elevada. Noutros estudos in vitro, foi referido que a pré-exposição à hiperglicemia aumenta a secreção de citocinas pró-inflamatórias induzida por lipopolissacáridos (Nareika et al ,2007).

A diabetes apresenta uma progressão pleiotrópica em que a inflamação parece ser um antecedente comum e a inflamação crónica de baixo grau está a emergir como um mecanismo etiológico concebível. A inflamação está fortemente envolvida no aparecimento e desenvolvimento da DMT2, que é acompanhada pelo aparecimento de numerosos biomarcadores inflamatórios. Estes biomarcadores compreendem uma vasta gama de substâncias, incluindo citocinas como as interleucinas, proteínas de fase aguda, moléculas de adesão, fator de necrose tumoral (TNF) e isoformas da proteína quimioatraente de monócitos (MCP), interferões, quimiocinas, etc. (Blake e Ridker , 2002).

As citocinas circulantes estão elevadas na diabetes de tipo 2, na obesidade e na síndrome de resistência à insulina e desempenham um papel central na patogénese destas doenças (Fernandez-Real e Ricart , 2003).

As interleucinas são um vasto espetro de pequenas moléculas proteicas reguladoras, incluídas na família das citocinas, que exercem os seus efeitos através da ativação de genes que conduzem à estimulação celular, ao crescimento, à diferenciação, à expressão de receptores funcionais na superfície das células e à função de efectores celulares. A este respeito, as interleucinas podem ter efeitos marcantes na regulação das respostas imunitárias e na patogénese de uma grande variedade de doenças. As interleucinas são produzidas por uma grande variedade de células, principalmente monócitos, macrófagos, neutrófilos, células T, mastócitos e eosinófilos. As células endoteliais e epiteliais, os fibroblastos, as células musculares lisas, as células neuronais, as células tumorais, etc., representam fontes adicionais. Em dois estudos prospectivos, níveis elevados de IL-18 foram associados a futuras doenças cardiovasculares em homens (Blankenberg et al ,2003)e mulheres (Everett et al ,2009) previamente saudáveis.

No entanto, foi recentemente demonstrado que a rigidez arterial medida pela propagação da onda de pulso braquial estava associada aos níveis de IL-18 e aos componentes da síndrome metabólica, mesmo em análises multivariadas, tanto transversalmente como durante três anos de seguimento (Troseid et al ,2009). Uma das alterações mais importantes está relacionada com a participação de processos inflamatórios imunomediados na fisiopatologia da diabetes mellitus e das suas complicações. Numerosos estudos experimentais e clínicos têm demonstrado a participação de diferentes moléculas e vias inflamatórias na fisiopatologia desta complicação (Williams & Nadler ,2007). Assim, os mecanismos imunológicos e inflamatórios desempenham um papel importante no desenvolvimento e na progressão da DM.

É necessário continuar a investigar a relação entre os radicais livres e a diabetes mellitus. Para elucidar os mecanismos pelos quais o stress oxidativo e os processos inflamatórios aceleram a progressão e o desenvolvimento da diabetes. Este estudo tem como objetivo determinar o papel do stress oxidativo e do processo inflamatório em doentes diabéticos de tipo 2, avaliando os níveis de antioxidantes enzimáticos SOD, bem como o processo inflamatório, investigando a IL-18 e a MMP-9.

1.8. Interleucinas

As interleucinas são um vasto espetro de pequenas moléculas proteicas reguladoras, incluídas na família das citocinas, que exercem os seus efeitos através da ativação de genes que conduzem à estimulação celular, ao crescimento, à diferenciação, à expressão de receptores funcionais na superfície das células e à função de efectores celulares. A este respeito, as interleucinas podem ter efeitos marcantes na regulação das respostas imunitárias e na patogénese de uma grande variedade de doenças. De facto, as células T foram classificadas com base no padrão das interleucinas que segregam, resultando numa resposta imunitária mediada por células (TH1) ou numa resposta imunitária humoral (TH2) (Herman etal ,1991). As interleucinas são produzidas por uma grande variedade de células, principalmente monócitos, macrófagos, neutrófilos, células T, mastócitos e eosinófilos. Células endoteliais e epiteliais, fibroblastos, células musculares lisas, células neuronais, células tumorais, etc.

1.8.1 Interleucina-18 (IL-18)

A interlucina -18 funcionalmente relacionada com a IL-1 - é uma citocina pró-inflamatória com múltiplas funções biológicas. A IL-18 estimula as respostas imunitárias mediadas por TH1. Além disso, por si só, pode estimular a produção de citocinas TH2 (Nakanishi et al ,2001).

A IL-18 é uma citocina inflamatória potente que induz o interferão gama (IFN-γ), o qual, por sua vez, induz a expressão de receptores de quimiocinas funcionais nas células mesangiais humanas (Dinarello, 2007). Além disso, a IL-18 leva à produção de outras citocinas inflamatórias, incluindo a IL-1 e o TNF-α.

A interlucina-18 desempenha um papel central na orquestração da cascata de citocinas e acelera a aterosclerose e a vulnerabilidade da placa em modelos animais. O nível sérico de IL-18 foi identificado como um forte preditor independente de morte por causas cardiovasculares em doentes com doença arterial coronária, independentemente do seu estado clínico. Esta constatação apoia fortemente as provas experimentais recentes de que a inflamação mediada pela IL-18 conduz à aceleração e vulnerabilidade das placas ateroscleróticas (Blankenberg et al ,2003). Sugeriu-se também que a IL-18 é uma citocina pró-inflamatória potente que regula as doenças auto-imunes e inflamatórias (Nakanishi et al. 2001).

É importante chamar a atenção para a possibilidade de a produção ou a função de IL-18, que se encontram aumentadas, poderem estar envolvidas na patogénese de doenças imunoinflamatórias/autoimunes em que estão envolvidas citocinas Th1, quimiocinas e NO (Nakanishi et al. 2001).

A inflamação crónica de baixo grau está intimamente associada a um desfecho cardiovascular desfavorável, mediando todas as fases da doença aterosclerótica, desde o início até à progressão e, por fim, às complicações trombóticas.

A interleucina -18 é produzida constitutivamente em muitos tipos de células diferentes, incluindo macrófagos, células endoteliais, células do músculo liso vascular, células dendríticas e células de Kupffer (Dinarello ,2007).

A interleucina-18 (IL-18) é uma potente citocina pró-inflamatória que tem sido associada a múltiplos componentes do síndroma metabólico e que prevê o desenvolvimento de diabetes tipo 2 (Hung et al ,2005 ; Thorand et al ,2005). A citocina pró-inflamatória IL-18, libertada pelo tecido adiposo, pode estar relacionada com a DM tipo 2. Os investigadores também encontraram associações entre o aumento dos níveis circulantes de IL-18 com hiperglicemia e resistência à insulina (Crowther et al ,2006).

Vários estudos revelaram que a IL-18 tem sido associada à obesidade, à resistência à insulina, à hipertensão e à dislipidemia (Hung et al, 2005; Evans et al, 2007).

Além disso, foi demonstrado que a IL-18 está elevada em indivíduos com síndrome metabólica e que aumenta paralelamente a um número crescente de componentes da síndrome (Zirlik et al, 2007). Foi sugerido que níveis circulantes elevados de IL-18 contribuem para a microangiopatia, como a nefropatia na diabetes de tipo 2 (Fujita et al, 2010). Os autores sugeriram que as associações entre a IL-18 e a aterosclerose dependem da presença de outros factores de risco, como a obesidade e a diabetes, e que a IL-18 pode mediar alguns dos efeitos pró-aterogénicos destes factores.

Além disso, a IL-18 leva à produção de outras moléculas pró-inflamatórias, incluindo IL-8, IL-1β, TNF-α e molécula de adesão intercelular-1, a partir de células mononucleares e macrófagos. Sabe-se que estas moléculas aumentam na diabetes tipo 2 e podem contribuir para manter a microinflamação nos tecidos renais de doentes com diabetes tipo 2.

Estudos recentes indicaram que uma produção regulada de IL-18 poderia ser um evento patogénico importante na DM2. Além disso, foi também referido o papel potencial da IL-18 na fisiopatologia das complicações crónicas da diabetes mellitus. Os modelos animais apoiam o papel pró-aterogénico da IL-18 e o efeito benéfico que a sua inibição tem na progressão da placa.

A administração de IL-18 exógena aumentou o tamanho da lesão aterosclerótica e aumentou o número de células T associadas à lesão em ratinhos deficientes em apolipoproteína (apo) E sem alterar as concentrações de colesterol sérico.

Uma das alterações mais importantes está relacionada com a participação de processos inflamatórios imunomediados na fisiopatologia da diabetes mellitus e das suas complicações (Williams e Nadler, 2007). Assim, os mecanismos imunológicos e inflamatórios desempenham papéis significativos no desenvolvimento e progressão da DM.

A libertação de IL-18 a partir do tecido adiposo pode ser um dos factores patogénicos que associam a obesidade a doenças cardiovasculares e outras perturbações relacionadas, como a diabetes tipo 2. Por outro lado, o exercício aeróbico reduz os níveis de PCR e IL-18 em indivíduos com diabetes tipo 2 (Kadoglou et al ,2007).

1.9. Matriz metaloprotinase-9 (MMP-9)

As metaloproteinases de matriz (MMPs) são uma família de endopeptidases dependentes de zinco responsáveis pela remodelação fisiológica e fisiopatológica dos tecidos. As MMPs clivam todos os elementos estruturais da matriz extracelular (ECM), bem como processam uma variedade de substratos não pertencentes à ECM. Atualmente, estão descritos 25 membros da família em vertebrados e 22 em humanos. Inicialmente, as MMP receberam nomes descritivos com base na especificidade do substrato e foram classificadas em cinco grupos: colagenases, gelatinases, estromelisinas, matrilisinas e tipo de membrana (Werb e Sternlicht 2001).

A MMP-9, inicialmente denominada colagenase tipo IV de 92-kDa ou gelatinase B, desempenha um papel importante na degradação da MEC num vasto espetro de processos fisiológicos e fisiopatológicos que envolvem a remodelação dos tecidos. A MMP-9 desempenha um papel importante na função das células imunitárias. A supressão da MMP-9 promove o recrutamento de eosinófilos e células Th2 para os pulmões durante o desafio com alergénios (McMillan et al.2004). Em condições fisiopatológicas, a MMP-9 é regulada positivamente durante o desenvolvimento e a cicatrização de feridas, bem como durante patologias que envolvem processos inflamatórios, incluindo artrite, diabetes e cancro (Halade et al. 2013). Os macrófagos são uma fonte potente de MMP-9. Fang e colaboradores demonstraram que os macrófagos diferenciados a partir de monócitos circulantes isolados de doentes com enfarte agudo do miocárdio ou angina estável apresentavam um aumento de duas vezes nos níveis de ARNm e de proteína da MMP-9 em comparação com os grupos de controlo.

Há estudos que referem um aumento dos níveis de MMP-9 nas células do músculo liso vascular através de mecanismos NF-κ B (Bond et al 2001). A inibição do fator de transcrição NF-κB reduz a produção de MMP-9 nas células do músculo liso vascular e nos macrófagos. As espécies reactivas de oxigénio podem ativar a MMP-9 tanto direta como indiretamente através da ativação de factores de transcrição como o NF-κB (Okamoto et al. 2001).

1.9.1 Matrimetaloprotinase-9 e Diabetes Mellitus Tipo II

As metaloproteinases da matriz (MMPs) são endopeptidases que degradam as proteínas da matriz extracelular, como o colagénio, as gelatinas, a fibronectina e a laminina. Podem ser segregadas por várias células da parede vascular, mas os macrófagos são determinantes nas placas ateroscleróticas. A sua atividade é regulada pelos inibidores tecidulares das MMP (TIMP) e também por outras moléculas, como a plasmina.

Um grande número de estudos avaliou o padrão de MMPs na obesidade, diabetes mellitus, (Hopps e Caimi ,2012). A matriz extracelular (ECM) compreende uma rede insolúvel de diferentes moléculas (glicoproteínas, elastinas, colagénios) que fornece suporte mecânico para as células renais e participa nas interações célula-célula, bem como entre as células e outros elementos (Hayden et al ,2005) . As anomalias da MEC são uma marca estrutural da DM e da fibrose, caracterizada pela acumulação de MEC e pela angiogénese, e é um processo fisiopatológico crítico diretamente relacionado com alterações da função renal e com a progressão da doença renal. Os factores de crescimento são moléculas que participam na regulação da formação e renovação da MEC, com evidências do seu importante papel na patogénese das complicações diabéticas a longo prazo.

Uma concentração elevada de glicose inibe a degradação da matriz e afecta as actividades das enzimas, as metaloproteinases da matriz (MMPs) e os seus inibidores tecidulares (TIMPs). É bem conhecido que a hiperglicemia na diabetes aumenta a síntese de componentes da MEC, incluindo colagénios, fibronectina e laminina (Ayo et al ,1990). A hiperglicemia também pode afetar os processos de degradação, de modo a que a degradação da matriz diminua devido a uma redução das actividades das enzimas que proteolizam a matriz (Abdel Wahab e Mason). A combinação do aumento da formação da matriz e da redução da degradação leva à acumulação da MEC no glomérulo na diabetes. As enzimas mais responsáveis pela degradação da MEC são as metaloproteinases da matriz (MMPs).

As MMPs são classificadas de acordo com a sua especificidade de substrato: as colagenases (por exemplo, MMP-1), que clivam colagénios helicoidais nativos do tipo I, II e III; as estromelisinas (por exemplo, MMP-3), que têm uma ampla especificidade de substrato e degradam a fibronectina; e a laminina e as gelatinases (por exemplo, MMP-2 e MMP-9), que degradam o colagénio IV (Murphy e Docherty ,1992).

CAPÍTULO 2

DOENTES E MÉTODOS

2.1. Doentes e conceção do estudo

Este estudo foi concebido para investigar a cooperação entre o stress oxidativo, concomitante com o processo inflamatório, e a prevalência da diabetes mellitus numa amostra de 50 indivíduos com DM2 de ambos os sexos. Estes foram registados no Centro de Diabetes (Al-Shahida Layla Qassim). Para efeitos de comparação, foram também incluídos neste estudo 45 indivíduos de idade e sexo equivalentes como grupo de controlo. Ambos os grupos preencheram o questionário de base relativo a vários factores de risco, incluindo história de tabagismo, atividade física, consumo de álcool, idade, sexo, outras doenças, queixas, história familiar, história médica anterior e história de medicação.

Este estudo transversal de controlo de casos foi realizado na Hawler Medical University, College of Pharmacy, de outubro de 2013 a dezembro de 2014. O grupo de controlo foi confirmado como não diabético através de exames bioquímicos e hematológicos. Este estudo de caso-controlo envolveu 95 participantes, 50 pacientes com diabetes mellitus tipo dois de ambos os sexos (25 homens e 25 mulheres) com uma idade média ao diagnóstico (55,98) anos foram incluídos neste estudo. Após a exclusão de outras doenças através da história clínica, de investigações laboratoriais e do exame clínico, e para efeitos de comparação, foram selecionados aleatoriamente 45 indivíduos de adultos aparentemente saudáveis, com idades e sexos equivalentes, como grupo de controlo. Este grupo incluía (22) homens e (23) mulheres saudáveis com uma idade média de (55,93) anos.

Todos os procedimentos foram efectuados de acordo com as normas éticas estabelecidas.

Foram efectuados exames bioquímicos e hematológicos a todos os indivíduos inscritos e todos os dados clínico-patológicos dos doentes foram recolhidos dos processos clínicos dos doentes.

Foi obtido o consentimento informado por escrito de todos os participantes antes da participação no presente estudo.

O Comité de Ética da Investigação Médica da Faculdade de Farmácia / Hawler Medical University aprovou o protocolo de estudo proposto.

2.2 Métodos

A diabetes mellitus foi diagnosticada com base na OMS (2006), o nível sérico de glucose em jejum > 126 mg /**dl**.

2.2.1. Seleção de doentes

O estudo foi efectuado em 50 doentes atendidos/admitidos no Centro de Diabetes (Al-Shahyda Layla Kassim). Foram também incluídos neste estudo prospetivo de caso-controlo 45 indivíduos adultos saudáveis, com idades e sexos equivalentes, como grupo de controlo, para efeitos de comparação.

Os doentes com DMT2 foram diagnosticados por médicos especialistas após exame clínico e

confirmados por análises laboratoriais no centro de diabetes (Al-Shahida Layla Qassim).
Durante o período deste estudo, não foram administrados aos doentes e aos indivíduos de controlo quaisquer medicamentos anti-inflamatórios e antioxidantes como suplementos dietéticos, tais como vitaminas ou minerais.

2.3   Recolha de amostras

O protocolo do estudo

Foram colhidos dez mililitros de amostras de sangue em jejum (durante a noite, de 12 a 14 horas) da veia dos participantes (adultos saudáveis e doentes com diabetes mellitus de tipo dois) de ambos os sexos, sem utilização de torniquete.

Foi utilizada uma quantidade suficiente de sangue fresco para a determinação da HbA1C. Em seguida

A quantidade de sangue restante foi mantida durante 30 minutos para efeitos de coagulação e depois centrifugada durante 15 minutos a 2500-3500 rotações por minuto (rpm). Os soros dos doentes foram separados e divididos em várias partes e colocados em vários tubos de plástico simples para efetuar os testes bioquímicos do presente estudo.

Os soros dos doentes foram armazenados a (-20 C°) até ao dia da análise.

As amostras de soro foram preparadas para a medição através do aquecimento do soro congelado à temperatura ambiente.

Formulário de questionário do estudo

1- **Informações sociais**
    A. Idade
    B. Género
    C. Fumar
    D. Consumo de álcool
    E. Actividades físicas

II-Informação clínica:
    A. O chefe queixa-se
    B. Outras doenças
    C. Medicamentos

III-Investigações : As amostras foram investigadas bioquímica e hematologicamente.

Critérios de exclusão

Doenças: Obesidade, tabagismo , Doenças (hipertensão, doença cardiovascular, doentes asmáticos, neoplasias malignas, doença muscular, doença renal, doenças inflamatórias)

Medicamentos: a utilização atual de medicamentos hipolipemiantes, anti-inflamatórios e suplementos dietéticos antioxidantes, suplementos vitamínicos ou minerais foi excluída da presente investigação.

2.4 Determinações bioquímicas

O desequilíbrio do estado de oxidação/antioxidante foi medido pela quantificação da SOD, que foi investigada pelo método ELISA. Os níveis dos biomarcadores inflamatórios IL-18 e

MMP-9 também foram medidos pela técnica ELISA.

Mecanismo da técnica ELISA

A utilização de uma técnica em sanduíche para detetar os parâmetros no soro, tal como descrito na técnica, requer dois anticorpos capazes de ligar a proteína de interesse: por exemplo, um imobilizado num suporte sólido e outro livre em solução, mas marcado com um composto químico facilmente detetável. Exemplos de etiquetas químicas que podem ser utilizadas para o segundo anticorpo são as enzimas que geram produtos coloridos quando expostas ao seu substrato.

Quando as amostras que contêm a proteína em causa são colocadas neste sistema, a proteína em causa liga-se tanto ao anticorpo imobilizado como ao anticorpo marcado. O resultado é um complexo imunitário em "sanduíche" na superfície do suporte. A proteína complexa é detectada lavando os componentes da amostra não ligados e o excesso de anticorpo marcado, e medindo a quantidade de complexo de anticorpo marcado com a proteína na superfície do suporte. O imunoensaio em sanduíche é altamente específico e muito sensível, desde que sejam utilizados marcadores com bons limites de deteção. Pode ser efectuado utilizando o formato convencional de microtitulação de 96 poços, que é amplamente utilizado e facilmente automatizável. Existem também vários espectrómetros ("leitores de placas") disponíveis no mercado para a análise calorimétrica de placas de 96 poços.

2.4.1 Medição dos níveis séricos de superóxido dismutase
Princípio do método

A conceção deste ensaio baseia-se num ensaio de imunoabsorção enzimática (ELISA) em sanduíche. A placa de microtitulação fornecida neste kit foi pré-revestida com um anticorpo monoclonal específico para a SOD humana. As amostras são pipetadas para estes poços. A SOD não ligada e outros componentes da amostra devem ser removidos por lavagem, sendo depois adicionado o anticorpo monoclonal conjugado com biotina específico da SOD. Para determinar quantitativamente a quantidade de SOD presente na amostra, deve adicionar-se a cada poço da microplaca Avidina conjugada com peroxidase de rábano (HRP). No passo final, adiciona-se uma solução de substrato TMB a cada poço. Por fim, é adicionada uma solução de ácido sulfúrico e o produto de cor amarela resultante é medido a 450 nm. Uma vez que o aumento da absorvência é diretamente proporcional à quantidade de SOD capturada.

O kit utilizado é fabricado pela empresa US Biological life sciences.

Componentes do kit

1. S8060-32P1: Placa de microtitulação, 1x96 poços
2. S8060-32P2: SOD1 humana recombinante padrão (liofilizada), Ixlvial
3. S8060-32P3: Anticorpo secundário (biotina), 100x (liofilizado), 1x1 frasco
4. S8060-32P4: Avidina (HRP), 100x, 1x150ul
5. S8060-32P5: Tampão de incubação, 1x30ml
6. S8060-32P6: Tampão de lavagem, 20x, 2x25ml
7. S8060-32P7: Tampão de diluição padrão/amostra, 1x25ml
8. S8060-32P8: Tampão de diluição de anticorpo secundário (Biotina)/Avidina (HRP), 1x2 5ml

9. S8060-32P9: Substrato TMB, 1x15ml

10.S8060-32P10: Solução de paragem (ácido sulfúrico 1N), 1x15ml

Preparação de reagentes

1. S8060-32P2: Padrão: reconstituir o padrão de SOD1 humana para 10 ng/ml adicionando 1 ml de S8060-32P7: tampão de diluição padrão/amostra ao frasco de vidro de proteína padrão que contém a proteína SOD1 humana liofilizada, agitar ou misturar suavemente e deixar repousar durante 5 minutos para garantir a reconstituição completa. Diluir os padrões em 9 tubos diferentes.

2. S8060-32P3: Anticorpo secundário (Biotina) 100x: A solução de anticorpo secundário 100X pode ser feita adicionando 150gl S8060-32P8: tampão de diluição do anticorpo secundário (Biotina)/Avidina (HRP) no frasco. Equilibrar até à temperatura ambiente e misturar suavemente. Para preparar um volume suficiente para uma tira de 16 poços, misturar 20p,l de solução concentrada de anticorpo secundário reconstituído (100x)+2ml de tampão de diluição S8060-32P8: anticorpo secundário (Biotina)/Avidina (HRP). Preparar mais, se necessário. Rotular como "solução de trabalho de anticorpo secundário" e armazenar o anticorpo secundário reconstituído (Biotina), 100x, não utilizado a 4°C.

3. S8060-32P4: (Avidina) HRP, 100x Equilibrar à temperatura ambiente, misturar suavemente, misturar 20pl S8060-32P4: Avidina (HRP), 100x + 2ml S8060-32P8: Tira de anticorpos secundários, preparar mais, se necessário) rotular como "solução de trabalho de Avidina (HRP)" armazenar a S8060-32P4: Avid (HRP), 100x não utilizada a 4°C.

4. S8060-32P6: Tampão de lavagem, 20x equilibrar até à temperatura ambiente, misturar para redissolver qualquer sal que tenha participado, misturar 0,5 volume S8060-32P6: Tampão de lavagem, 20x+9,5 volume de água desionizada. Armazenar a solução de lavagem concentrada e a solução de lavagem de trabalho a 4°C.

Procedimento de ensaio

1. Determinar o número de tiras de 16 poços necessárias para o ensaio. Inserir estas tiras nas molduras para utilização atual (Reutilizar as tiras extra e refrigerar a moldura para utilização posterior)

2. Adicionar 300p.l de S8060-32P5: Tampão de incubação a todos os poços e incubar a placa durante cinco minutos à temperatura ambiente

3. Aspirar ou decantar completamente a solução dos poços e incubar a placa durante 5 minutos à temperatura ambiente.

4. Para a curva padrão, adicionar 100µl do padrão aos poços de microtitulação apropriados. Adicionar 100p.l do S8060-32P7: tampão de diluição padrão/amostra a zero poços.

5. O soro e o plasma requerem uma diluição de pelo menos 20 vezes no tampão de diluição S8060-32P7: padrão/amostra. E adicionar 100µl de amostra a cada poço.

6. Cobrir a placa com a tampa da placa e incubar durante 2 horas à temperatura ambiente.

7. Aspirar ou decantar completamente a solução dos poços. Lavar os poços 3 vezes.

8. Pipetar 100µl de "Solução de anticorpo secundário de trabalho" para cada poço.

9. Cobrir a placa com a tampa da placa e incubar durante uma hora à temperatura ambiente.

10. Aspirar ou decantar completamente a solução dos poços. Lavar os poços 3 vezes.

11. Adicionar 100|Lil de "Working Avidin(HRP) Solution" a cada poço.

12. Cobrir a placa com a tampa da placa e incubar durante 30 minutos à temperatura ambiente.

13. Aspirar ou decantar completamente a solução dos poços. Lavar os poços 3 vezes.

14. Adicionar 100µl de substrato S8060-32P9:TMB a cada poço. O líquido nos poços deve começar a ficar azul.

15. Incubar a placa à temperatura ambiente.

16. Adicionar 100 µl de S8060-32P10: Solução de paragem a cada poço. As soluções nos poços devem mudar de azul para amarelo.

17. Ler a absorvância de cada poço a 450nm. Ler a placa nos 20 minutos seguintes à adição da solução de paragem.

18. Traçar em papel milimétrico a absorvância do padrão em função da concentração do padrão (de preferência, a absorvância de fundo pode ser subtraída de todos os pontos de dados, incluindo padrões, incógnitas e controlos, antes de traçar o gráfico). Desenhar uma curva suave através destes pontos para construir a curva padrão.

19. Ler a concentração de SOD humana para as amostras desconhecidas e para os controlos a partir da curva-padrão traçada no passo 18. Multiplicar o(s) valor(es) obtido(s) para a amostra desconhecida pelo fator de diluição (as amostras que produzam sinais superiores aos do padrão mais elevado devem ser diluídas em tampão de diluição padrão/amostra).

2.4.2 Medição dos níveis séricos de interleucina-18

Princípio do ensaio

O kit Ray Bio™ human IL-18 ELISA é utilizado para a medição quantitativa do nível sérico de IL-18. O ensaio utiliza um anticorpo específico para IL-18 humana revestido numa placa de 96 poços. Os padrões e as amostras são pipetados para os poços e a IL-18 presente na amostra é ligada aos poços pelo anticorpo imobilizado. Os poços são lavados e o anticorpo biotinilado, estreptavidina conjugada com HRP, é pipetado para os poços. Os poços são novamente lavados, é adicionada uma solução de substrato TMB aos poços e a cor desenvolve-se proporcionalmente à quantidade de IL-18 ligada. A solução de paragem altera a cor de azul para amarelo e a intensidade da cor de azul para amarelo, sendo a intensidade da cor medida a 450 nm.

Reagentes

1-Microplaca IL-18: 96 poços (12 tiras * 8 poços) revestidos com IL-18 anti-humana.

2-Tampão de lavagem concentrado (20x): 25 ml de solução concentrada 20x.

3-Standards 2 frascos para injectáveis, IL-18 humana recombinante

4-Diluente de ensaio A: 30 ml de azida de sódio a 0,09% como conservante para o diluente padrão/amostra (soro/plasma).

5-Diluente de ensaio B: 15 ml de tampão concentrado 5x para diluente de padrão/amostra.

6-Anticorpo de deteção IL-18: 2 frascos de IL-18 anti-humano biotinilado.

7-HRP-Streptavidina concentrada 200µl de estreptavidina conjugada com HRP concentrada 300x.

Reagente de substrato de uma etapa 8-TMB: 12 ml de 3,3',5,5- tetrametilbenzidina (TMB) em solução tamponada.

Solução de paragem: 8 ml de ácido sulfúrico 0,2 M.

Preparação de reagentes

1. Colocar todos os reagentes e amostras à temperatura ambiente (18-25°C) antes de os utilizar.

2. Diluição das amostras: Se as amostras precisarem de ser diluídas, deve utilizar-se o Diluente de Ensaio A (Item D) para diluir amostras de soro/plasma e o Diluente de Ensaio B 1x (Item E) para diluir sobrenadantes de culturas e urina.

3. O Diluente de Ensaio B deve ser diluído 5 vezes com água desionizada ou destilada antes de ser utilizado.

4. Preparação do padrão: Girar brevemente o frasco do Item C. Adicionar 400 µl de Diluente de Ensaio A (para amostras de soro/plasma) ou 1x Diluente de Ensaio B (para meio de cultura de células e urina, o Diluente de Ensaio B deve ser diluído 5 vezes com água desionizada ou destilada antes da utilização) no frasco do Item C para preparar um padrão de 5.000 pg/ml. Dissolver bem o pó com uma ligeira mistura. Adicionar 12 µl de padrão de IL-18 do frasco do Item C a um tubo com 788 µl de Diluente de Ensaio A ou 1x Diluente de Ensaio B para preparar uma solução padrão de 75 pg/ml. Pipetar 300 µl de Diluente de Ensaio A ou 1x Diluente de Ensaio B para cada tubo. Utilizar a solução-padrão de 75 pg/ml para produzir uma série de diluições (mostrada abaixo). Misturar bem cada tubo antes da transferência seguinte. O Diluente de Ensaio A ou o Diluente de Ensaio B 1x serve como padrão zero (0 pg/ml).

5. Se o Concentrado de Tampão de Lavagem (20x) (Item B) contiver cristais visíveis, aquecer à temperatura ambiente e misturar suavemente até dissolver. Diluir 20 ml de concentrado de tampão de lavagem em água desionizada ou destilada para obter 400 ml de tampão de lavagem 1x.

6. Girar brevemente o frasco do anticorpo de deteção (Item F) antes de utilizar. Adicionar 100 µl de 1x Assay Diluent B ao frasco para preparar um concentrado de anticorpo de deteção. Pipetar para cima e para baixo para misturar suavemente (o concentrado pode ser armazenado a 4°C durante 5 dias). O concentrado de anticorpos de deteção deve ser diluído 80 vezes com 1x Assay Diluent B e utilizado na etapa 4 do procedimento de ensaio da parte VI.

7. Rodar brevemente o frasco de concentrado de HRP-Streptavidina (Item G) e pipetar para cima e para baixo para misturar suavemente antes de utilizar. O concentrado de HRP-Streptavidina deve ser diluído 300 vezes com 1x Diluente de Ensaio B.

Procedimento de ensaio

1. Colocar todos os reagentes e amostras à temperatura ambiente (18 - 25°C) antes de os utilizar. Recomenda-se que todos os padrões e amostras sejam efectuados, pelo menos, em duplicado.

2. Adicionar 100 µl de cada padrão (ver Preparação do reagente, passo 2) e amostra aos poços adequados. Cobrir os poços e incubar durante 2,5 horas à temperatura ambiente ou

durante a noite a 4°C com agitação suave.

3. Deitar fora a solução e lavar 4 vezes com 1x Wash Solution. Lavar enchendo cada poço com Wash Buffer (300 µl) utilizando uma pipeta multicanal ou uma máquina de lavar automática. A remoção completa do líquido em cada passo é essencial para um bom desempenho. Após a última lavagem, remover qualquer tampão de lavagem restante por aspiração ou decantação. Inverter a placa e colocá-la sobre toalhas de papel limpas.

4. Adicionar 100 µl de anticorpo biotinilado preparado 1x (etapa 6 da preparação do reagente) a cada poço. Incubar durante 1 hora à temperatura ambiente com agitação ligeira.

5. Deitar fora a solução. Repetir a lavagem como na etapa 3.

6. Adicionar 100 µl de solução de estreptavidina preparada (ver Preparação do reagente, passo 7) a cada poço. Incubar durante 45 minutos à temperatura ambiente, com agitação ligeira.

7. Deitar fora a solução. Repetir a lavagem como na etapa 3.

8. Adicionar 100 µl de Reagente de Substrato de Uma Fase TMB (Item H) a cada poço. Incubar durante 30 minutos à temperatura ambiente, no escuro, com agitação ligeira.

9. Adicionar 50 µl de solução de paragem (Item I) a cada poço. Ler imediatamente a 450 nm.

Resumo do procedimento de ensaio

1. Preparar todos os reagentes, amostras e padrões de acordo com as instruções.

2. Adicionar 100 µl de padrão ou amostra a cada poço.

Incubar 2,5 horas à temperatura ambiente ou durante a noite a 4oC.

3. Adicionar 100 µl de anticorpo biotina preparado a cada poço.

Incubar durante 1 hora à temperatura ambiente.

4. Adicionar 100 µl de solução de estreptavidina preparada.

Incubar 45 minutos à temperatura ambiente.

5. Adicionar 100 µl de reagente de substrato de uma etapa TMB a cada poço.

Incubar 30 minutos à temperatura ambiente.

6. Adicionar 50 µl de solução de paragem a cada poço.

Ler imediatamente a 450 nm.

2.4.3 Medição dos níveis séricos de Matrix Metaloprotinase-9
Princípio do teste

A placa de microtítulo fornecida pelo kit foi pré-revestida com um anticorpo específico para MMP-9, sendo os padrões e as amostras adicionados aos poços adequados da placa de microtítulo com um anticorpo conjugado com biotina específico para MMP-9. Em seguida, adiciona-se avidina conjugada com peroxidase de rábano (HRP) a cada poço da placa de microtítulo e incuba-se. Após a adição da solução de substrato TMB, apenas os alvéolos que contêm MMP-9, anticorpo conjugado com biotina e avidina conjugada com enzima apresentarão uma mudança de cor.

A reação enzima-substrato é terminada pela adição de uma solução de ácido sulfúrico e a mudança de cor é medida espectrofotometricamente a um comprimento de onda de 450 nm ±

10 nm.

O kit utilizado é fabricado pela empresa US Biological life sciences.

Reagentes

1- Placa de microtitulação, 1*96 poços, pré-revestida, pronta a utilizar.
2- Padrão, 2*1 frasco.
3- Diluente padrão, 1*20 ml.
4- Reagente de deteção A, 1*120ul.
5- Reagente de deteção B, 1*120ul.
6- Diluente de ensaio A, 1*12 ml.
7- Diluente de ensaio B, 1*12 ml.
8- Substrato TMB, 1*9 ml.
9- Solução de paragem, 1*6 ml.
10- Tampão de lavagem, 30X, 1*20 ml.
11- Leitor de microplacas com filtro de 450+_ 10nm.
12- Pipeta de precisão de um ou vários canais e pontas descartáveis.
13- Tubos Eppendorf para diluição de amostras.
14- Água desionizada ou destilada.
15- Papel absorvente para secar a placa de microtitulação.
16- Recipiente para a solução de lavagem.

Preparação de reagentes

1. Levar todos os componentes do kit e as amostras à RT antes da utilização.

2. Reconstituir o padrão com 1,0 ml de diluente padrão e deixar repousar durante 10 minutos à temperatura ambiente; agitar suavemente, tendo o cuidado de não fazer espuma. A concentração do padrão na solução-mãe é de 10ng/ml.

3. Preparar 7 tubos com 500ul de diluente padrão e efetuar uma série de diluições duplas de acordo com o esquema abaixo. Mistura-se cada tubo completamente antes da transferência seguinte. Preparar 7 pontos de padrão diluído, tais como 10ng/ml, 5ng/ml, 2,5ng/ml, 1,25ng/ml, 0,625ng/ml, 0,312ng/ml, 0,156ng/ml e o último tubo de EP com Diluente Padrão é o branco como 0ng/ml.

4. Centrifugar ou centrifugar brevemente o stock: Reagente de deteção A e Reagente de deteção B antes da utilização. Diluir até à concentração de trabalho com o Diluente de Ensaio A ou o Diluente de Ensaio B, respetivamente (1:100).

5. Tampão de lavagem, 30X. Diluir 20 ml de tampão de lavagem 30X com 580 ml de ddH2O para preparar 600 ml de tampão de lavagem 1*.

6. Substrato TMP: Aspirar a dose necessária da solução com pontas esterilizadas e não voltar a deitar a solução residual no frasco para injetáveis.

Procedimento de ensaio

1. Determinar os poços para o padrão diluído, o branco e as amostras. Preparar 7 poços para os padrões, 1 poço para o controlo positivo e 1 poço para o branco. Adicionar 100ul de cada

uma das diluições do padrão (ver Preparação de Reagentes), do branco e das amostras aos poços apropriados, respetivamente. Cobrir com um vedante de placa. Incubar durante 2 horas a 37 C°.

2. Retirar o líquido de cada poço, não lavar.

3. Adicionar 100ul de solução de trabalho do reagente de deteção A a cada alvéolo. Incubar durante 1 hora a 37C depois de a cobrir com o selador de placas.

4. Aspirar a solução e lavar cada poço durante 1-2 minutos com 350ul de tampão de lavagem 1X utilizando um frasco de esguicho, uma pipeta multicanal, um dispensador de coletor ou uma máquina de lavar automática. Remover completamente o líquido restante de todos os poços, colocando a placa em papel absorvente. Lavar um total de 3 vezes. Após a última lavagem, remover qualquer tampão de lavagem restante por aspiração ou decantação. Inverter a placa e colocá-la sobre papel absorvente.

5. Adicionar 100ul de solução de trabalho do Reagente de Deteção B a cada poço. Incubar durante 30 minutos a 37C depois de cobrir com o selador de placas.

6. Repetir o processo de aspiração/lavagem 5 vezes, tal como indicado no ponto 4.

7. Adicionamos 90ul de solução de substrato TMP a cada poço. Cobrir com um novo vedante de placa. Incubar durante 15-25 minutos a 37C. Proteger da luz. A adição da Solução de Substrato tornará o líquido azul.

8. Adicionar 50ul de Solução de Paragem a cada poço. O líquido fica amarelo com a adição da Solução de Paragem. Misturar o líquido batendo no lado da placa. Se a mudança de cor não parecer uniforme, bater suavemente na placa para garantir uma mistura completa.

9. Retirar qualquer gota de água e apontar com o dedo para o fundo da placa e confirmar que não existem bolhas na superfície do líquido.

10. Ler imediatamente a absorvância a 450 nm.

2.5 Análise estatística

Os dados foram analisados utilizando o programa Statistical patch for Social Sciences (SPSS vi.18). Os resultados dos testes bioquímicos foram expressos como média ± desvio padrão (DP). Além disso, foi aplicado o teste t de Student para comparar duas médias. O teste Post Hoc (LSD) foi utilizado para mostrar a diferença significativa entre cada duas das três variáveis. A regressão múltipla foi utilizada para mostrar a associação entre cada um dos biomarcadores (como variáveis dependentes) e várias variáveis independentes. Um valor (p) de ≤ 0,05 foi considerado como significância estatística. As correlações entre os resultados laboratoriais e as variáveis contínuas foram avaliadas através da análise de regressão linear.

CAPÍTULO 3

RESULTADOS

3.1 CARACTERÍSTICAS DOS SUJEITOS

As caraterísticas demográficas e clínicas dos doentes e dos grupos de controlo são apresentadas na tabela (3-1).

Este estudo incluiu 95 indivíduos de ambos os sexos, 50 dos quais eram doentes com DMT2 com uma idade média de (55,98± 8,277). Os restantes 45 eram indivíduos saudáveis com uma idade média de (55,9± 7,5).

Tabela 3-1: Caraterísticas demográficas dos doentes e dos grupos de controlo.

	Group	No.	Mean	SD	SE	p
Age	Patients	50	55.980	8.277	1.171	.977
	Control	45	55.933	7.500	1.118	
weight/kg	Patients	50	72.880	8.775	1.241	.337
	Control	45	74.222	4.188	.624	
HbA1C %	Patients	50	9.016	1.288	.182	< 0.001
	Control	45	5.281	.183	.027	
FBG	Patients	50	251.180	44.227	6.255	< 0.001
	Control	45	92.311	6.338	.945	

3.2 Diferença nos níveis séricos dos parâmetros estudados entre doentes e indivíduos saudáveis:

3.2.1 Matriz-metaloprotinase-9

Os resultados mostraram que os doentes com DMT2 apresentavam níveis séricos de MMP-9 significativamente mais elevados do que os do grupo de controlo, com uma concentração média de MMP-9 (2,632 ± 1,745 DP) ng/ml no grupo de estudo e uma concentração média de MMP-9 (1,506 ± 0,945 DP) ng/ml no grupo de controlo (p < 0,001), como mostra a figura (3-1)

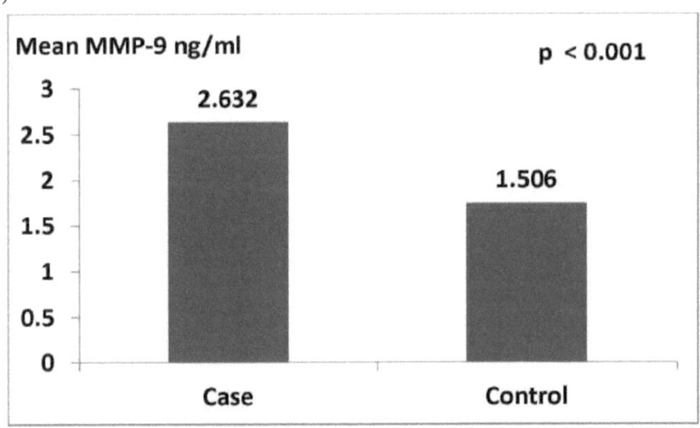

Figura (3-1): diferença entre os níveis séricos médios de MMP-9 entre o grupo de casos e o grupo de controlo.

3.2.2 Interleucina-18

Verificou-se um nível sérico significativamente mais elevado de IL-18 no grupo dos casos, em comparação com os indivíduos saudáveis. O nível sérico médio para o grupo dos casos foi de (94 ± 21,29 DP) pg/ml, enquanto o nível sérico médio de IL-18 para o grupo de controlo foi de (48,4 ± 26,37 DP) pg/ml (p< 0,001), como se mostra na figura (3-2).

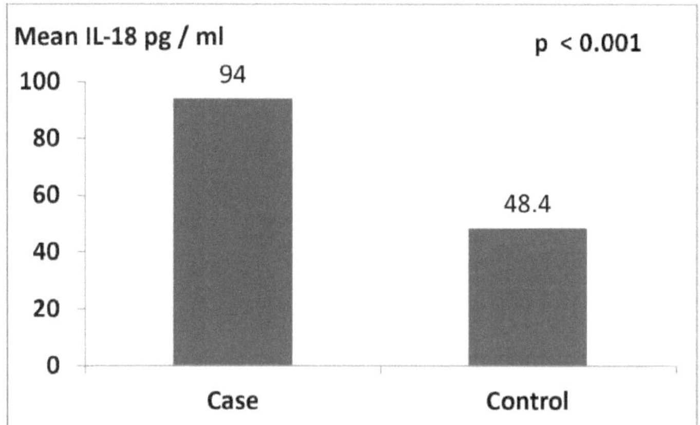

Figura (3-2) Diferentes níveis séricos de IL-18 entre o grupo de casos e o grupo de controlo

3.2.3 Superóxido dismutase

Os resultados mostraram uma redução significativa dos níveis séricos de SOD nos doentes com DMT2 em comparação com os indivíduos saudáveis. O nível sérico médio de SOD no grupo de estudo foi de (301,6 ±97 DP) ng/ml, enquanto o nível sérico médio de SOD no grupo de controlo foi de (501,5±162,781 DP) ng/ml (p<0,001).

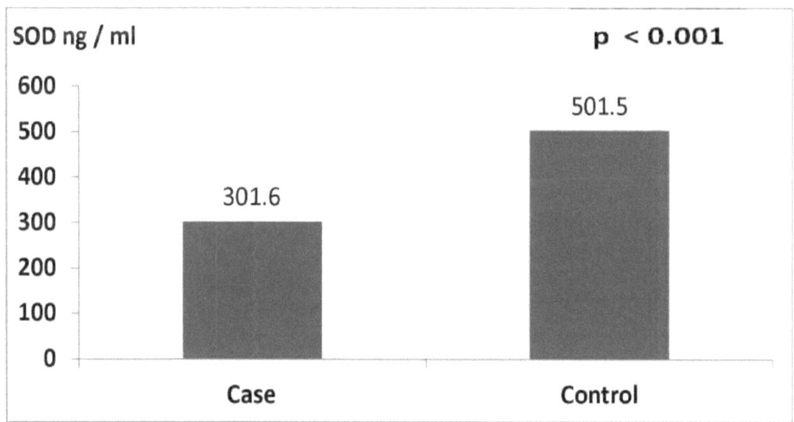

Figura (3-3) : Diferentes níveis séricos médios de SOD entre o grupo de casos e o grupo de controlo.

3.3 Correlação entre a HbA1C e os parâmetros estudados

Os resultados mostraram que existe uma relação forte e significativa entre o controlo da glicemia e os parâmetros estudados, através da correlação entre a HbA1C e os parâmetros estudados (Quadro 3-2) no grupo de doentes.

Tabela (3-2) Correlação entre HbA1C e (SOD, MMP-9, IL-18).

Y variable	X variable	R	P	N
HbA1c	SOD	-0.88	<0.001	50
HbA1c	MMP-9	0.76	<0.001	50
HbA1c	IL-18	0.76	<0.001	50

3.3.1 Superóxido dismutase

Como se pode ver no quadro (3-2), existe uma forte correlação significativa entre a HbA1C e a SOD (p<0,001), tanto mais que a HbA1C aumenta como mais que a SOD diminui, o que conduz a um maior stress oxidativo.

3.3.2 Matriz metaloproteinase (MMP-9)

Os resultados mostraram que existe uma correlação forte e significativa entre a HbA1C e a MMP-9 (p<0,001), sendo que quanto mais a HbA1C aumenta, mais aumenta o nível sérico de MMP-9.

3.3.3 Interleucina-18 (IL-18)

Como se pode ver na tabela (3-2), existe uma forte correlação significativa entre a HbA1C e a IL-18 (p<0,001), tanto mais que a HbA1C aumenta quanto mais aumenta o nível sérico de IL-18.

3.4 Correlação entre os parâmetros estudados

Os nossos resultados mostraram uma forte correlação significativa entre os parâmetros estudados e os grupos de doentes, como se pode ver na tabela (3-4).

Tabela (3-3): correlações entre os parâmetros estudados em doentes com DMT2

X variable	Y variable	R	P value	N
SOD	IL-18	-0.89	<0.001	50
SOD	MMP-9	-0.70	<0.001	50
IL-18	MMP-9	0.70	<0.001	50

3.4.1 Superóxido Dismutase e Interleucina-18

Os dados da tabela (3-3) explicam que quanto mais a inflamação aumenta, mais o stress oxidativo aumenta, porque a SOD diminui à medida que a IL-18 aumenta, pelo que existe uma relação negativa forte e significativa entre a SOD e a IL-18 (p<0,001).

3.4.2 Superóxido Dismutase e Matrixmetalloprotinase-9

Os resultados mostraram que existe uma correlação negativa forte e significativa entre a SOD e a MMP-9 (p<0,001), tanto mais que a SOD diminui como mais que a MMP-9 aumenta.

3.4.3 Interleucina-18 e Matrixmetalloprotinase-9

Como se pode ver na tabela (3-3), existe uma correlação forte e significativa entre a IL-18 e a MMP-9 entre os doentes, uma vez que quanto mais a IL-18 aumenta, mais a MMP-9 aumenta.

3.5 Idade - Fator

Tabela (3-4) correlação entre o fator idade e os parâmetros estudados

X variable	Y variable	R	P value	No.
Age	SOD	-0.33	<0.05	95
Age	MMP-9	0.34	<0.05	95
Age	IL-18	0.22	<0.05	95

3.5.1 Fator idade e superóxido dismutase

Como mostra a tabela (3-4), existe uma relação significativa fraca entre o fator idade e a SOD (P<0,05), com o aumento da idade a SOD diminui.

3.5.2 . Fator idade e MMP-9

Existe uma relação positiva fraca e significativa entre o fator idade e a MMP-9 (P<0,05), como mostra a tabela (3-4).

3.5.3 Fator idade e IL-18

Existe uma relação significativa fraca entre o fator idade e o IL-18, como se mostra na tabela (3-4)

3.6 Fator de género

Os resultados mostraram que não há níveis significativamente diferentes dos dois parâmetros estudados entre os homens e as mulheres, apenas (MMP-9) tem níveis séricos ligeiramente diferentes entre os homens e as mulheres, com um nível sérico mais elevado nos homens do que nas mulheres (p<0,049), como se mostra na tabela (3-5)

tabela (3-5) efeito do género nos parâmetros estudados

Factors	Gender	No.	Mean	SD	P
Age	Male	47	55.936	8.641	0.979
	Female	48	55.979	7.141	
weight/kg	Male	47	74.213	6.504	0.339
	Female	48	72.833	7.433	

HbA1C %	Male	47	7.359	2.348	0.609
	Female	48	7.137	1.837	
FBG	Male	47	176.532	90.680	0.946
	Female	48	175.333	82.139	
MMP-9ng/ml	Male	47	2.409	1.840	0.049
	Female	48	1.794	1.070	
IL-18 pg/ml	Male	47	70.906	36.060	0.665
	Female	48	73.858	29.912	
SOD	Male	47	367.226	128.068	0.090
	Female	48	424.785	192.370	

3.4.1 Efeito do género na Matrixmetalloprotinase-9

Como mostra a tabela (3-5), os níveis séricos de MMP-9 são diferentes entre homens e mulheres (p=0,049). Os níveis séricos de MMP-9 são ligeiramente superiores nos homens em comparação com as mulheres.

3.4.2 Efeito do género no Interluekin-18

A diferença nos níveis séricos médios de IL-18 entre homens e mulheres não é significativa (p=0,665), na nossa população de investigação, como se mostra na tabela (3-5).

3.4.3 Efeito do género na SOD

Nos nossos resultados, não há diferenças significativas nos níveis séricos de SOD entre homens e mulheres (p=0,090), como mostra a tabela (3-5).

CAPÍTULO 4

DISCUSSÃO

Revisão geral

O presente estudo demonstrou que o marcador antioxidante SOD é concomitante com os marcadores inflamatórios circulantes IL-18 e MMP-9, que podem ser biomarcadores úteis para distinguir os doentes com DMT2 dos indivíduos normais.

Os resultados foram consistentes com a hipótese do presente estudo de que havia uma associação altamente significativa entre o nível sérico elevado de IL-18, MMP-9 e a redução significativa do nível sérico de SOD com a incidência de DM2.

Assim, esta investigação foi concebida para avaliar a atividade da enzima antioxidante SOD e os biomarcadores inflamatórios IL-18 e MMP-9 em doentes com DMT2 e grupos de controlo.

Este estudo indicou a presença de stress oxidativo, processo inflamatório e diminuição do estado antioxidante em doentes com DMT2.

Há cada vez mais provas que sugerem os possíveis mecanismos através dos quais o stress oxidativo tem o seu impacto no desenvolvimento e progressão da DMT2 (Evans et.al).

Este estudo investigou a principal enzima antioxidante SOD, a fim de obter uma visão abrangente da maquinaria antioxidante do doente diabético e dos níveis séricos da citocina pró-inflamatória IL-18 e MMP-9, que estavam correlacionados com o parâmetro clínico mais importante dos doentes, como o nível de glucose sérica.

O estudo descobriu o papel destes biomarcadores na evolução da doença.

Estas investigações podem fornecer boas informações sobre a correlação entre o stress oxidativo e a inflamação e a DMT2 e o controlo glicémico.

Os valores de todos os parâmetros foram comparados estatisticamente com os de adultos saudáveis como grupo de controlo. Os resultados sugerem que a diminuição dos níveis séricos de antioxidantes pode ser consequência do stress oxidativo da doença e o aumento dos marcadores inflamatórios pode mostrar o papel da inflamação na doença da DM.

4.1. O Efeito da Diabetes Mellitus Tipo II nos Níveis Séricos dos Parâmetros Estudados

4.1.1 Superóxido Dismutase (SOD)

O estado de oxidação / antioxidante foi avaliado através da determinação da enzima superóxido dismutase (SOD) em 50 doentes com DMT2 e em 45 indivíduos saudáveis utilizados como controlo. Para avaliar o estado antioxidante em doentes com DMT2 na população de Erbil, o estado antioxidante foi avaliado através da determinação da enzima superóxido dismutase (SOD) pela técnica ELISA.

A comparação entre doentes e controlos mostrou que o nível sérico de SOD estava significativamente (p=0,001) reduzido nos doentes com DMT2 em comparação com o grupo de controlo (Figura 3-3).

O stress oxidativo é atualmente reconhecido como um dos principais factores patogénicos dos danos celulares causados pela hiperglicemia (Evans et al. 2005). Assim, a importância clínica deste estudo pode ajudar os doentes diabéticos a retardar ou adiar as complicações diabéticas através da administração de suplementos de antioxidantes para diminuir as deteriorações; existem provas que sugerem que a expressão excessiva de antioxidantes em doentes diabéticos melhora a função renal.

A redução significativa do nível sérico de SOD foi fortemente associada à incidência de DMT2 e pode representar um marcador prognóstico útil na DMT2.

Há um conjunto considerável de evidências que afirmam que a hiperglicemia pode interferir com a defesa natural do sistema antioxidante, para além de aumentar a produção de radicais livres (Aldebasi et al, 2011).

Vários estudos relataram uma menor concentração de antioxidantes enzimáticos na diabetes tipo 2 (Lodovici et al., 2009; Likidlilid et al., 2010; Bigagli et al., 2012; Hisalkar et al., 2012), Acredita-se que a superóxido dismutase seja a mais importante entre as enzimas clinicamente avaliáveis que demonstraram ter efeito antioxidante (Kong et al, 1998; Rahman et al, 1999 e Gutteridge et al, 2000).

Este resultado pode ser explicado, em parte, por um aumento do stress oxidativo devido a uma produção excessiva de radicais ROS nos doentes com DMT2 e é acompanhado por uma redução significativa das enzimas relevantes envolvidas, em particular a SOD.

Os resultados do presente estudo foram consistentes com as conclusões anteriores de (Yu e Cho,1993 ; Rahbani et al, 1999; Abou-Seif e Youssef, 2001 ; Ugochukwu et al, 2003; Pasaoglu et al, 2004 ; Gupta e Chari, 2006 ; Song et al, 2007 ; Milan et al, 2008 ; Hiroki et al, 2009 ; Sait e Hatice , 2009 ; Marjani et al, 2010 ; Aldebasi et al, 2011 ; Hisalkar et al, 2012 ; Ehsaneh et al, 2012 ;Prakash e Sudha, 2012 ; Sushma et al,,, 2013).

O resultado acima foi indicador da diminuição do mecanismo antioxidante protetor SOD. Isto deve-se a um aumento da produção de radicais livres e de ERO.

De acordo com os resultados do presente estudo, a SOD tem sido considerada como um marcador fiável do desequilíbrio do estado oxidativo/antioxidante e tem um papel potencial na progressão e desenvolvimento da DMT2, estando associada à incidência desta doença.

É importante salientar que foi demonstrada uma relação direta entre a gravidade da DM e o grau de stress oxidativo.

Assim, os dados do presente estudo confirmaram e apoiaram a hipótese de outros investigadores de que o stress oxidativo desempenha um papel importante na patogénese da DMT2, que é um participante amplamente aceite no desenvolvimento e progressão da diabetes e das suas complicações (Baynes et al, 1991; Baynes et al, 1999; Ceriello et al, 2000).

Assim, de acordo com o resultado atual, pensa-se que a redução significativa do nível sérico de SOD está relacionada com a etiologia da DMT2.

Foi referido que os doentes diabéticos apresentam defeitos significativos nas protecções antioxidantes e na produção de espécies reactivas de oxigénio (stress oxidativo), que podem desempenhar um papel importante na etiologia das complicações diabéticas (Opara, 2002).

A explicação científica para a diminuição dos níveis do mecanismo de defesa antioxidante nos indivíduos doentes pode ser explicada por duas teorias: na primeira, as reservas antioxidantes circulantes podem ter sido esgotadas na tentativa de contrariar os danos no ADN, nos lípidos e nas proteínas. Na segunda, a elevada oxidação do ADN, dos lípidos e das proteínas pode ter ocorrido como resultado de um sistema de defesa enfraquecido (Badjatia et al,2009). No que diz respeito à SOD, a redução significativa do nível sérico de SOD no presente estudo deveu-se ao facto de a enzima SOD fazer parte da primeira linha de defesa contra os radicais livres, pelo que se espera que a atividade desta enzima possa ser afetada pelo stress oxidativo antes das outras enzimas antioxidantes (Aldebasi et al, 2011). Assim, a diminuição dos níveis de SOD pode resultar não só num aumento do radical livre superóxido, mas também numa elevação de outros ROS e na intensificação dos processos de peroxidação lipídica na diabetes (Hisalkar et al, 2012). Além disso, existem provas que demonstram que a hiperglicemia é acompanhada pela perda de Cu^{2+}, que é um cofator essencial na atividade da SOD. Além disso, a SOD é inactivada por glicosilação nos eritrócitos (Aldebasi et al, 2011). Além disso, a diminuição da atividade da SOD observada com a progressão da diabetes pode dever-se à glicação da enzima que ocorre no estado diabético (Taniguchi, 1992). Além disso, a redução da atividade da SOD pode também dever-se à acumulação de radicais livres HO nos tecidos diabéticos, que demonstrou inibir a Cu-ZnSOD (Bray et al, 1974). Por conseguinte, a acumulação de peróxido de hidrogénio pode ser uma das explicações para a diminuição da atividade da SOD nestes doentes.

Além disso, nos doentes diabéticos, a auto-oxidação da glicose resulta na formação de peróxido de hidrogénio que inativa a SOD (Fajans, 1995).

Assim, o aumento da glicação nos doentes diabéticos e as subsequentes reacções das proteínas podem afetar os aminoácidos próximos dos locais activos da enzima ou perturbar a configuração estereoquímica, provocando alterações estruturais e funcionais na molécula. Esta constatação poderia também explicar a diminuição progressiva da SOD em fases mais avançadas da diabetes.

O papel protetor das enzimas SOD pode ser deteriorado pelo stress oxidativo. Este resultado sugere que a diabetes induziu stress oxidativo e que este stress oxidativo desempenhou um papel fundamental na incidência, desenvolvimento e progressão da DM2. O stress oxidativo não está associado apenas à DM, mas está também relacionado com factores predisponentes da DMT2, obesidade e síndrome metabólica. As condições que são consideradas passos chave na progressão da resistência à insulina para DM2, estão associadas tanto ao stress oxidativo como à inflamação (Urakawa H. et.al 2003).

Também se verificou que o stress oxidativo coexiste com a resistência à insulina em doentes com DMT2. A resistência à insulina foi observada em mulheres obesas com um estado antioxidante total reduzido. Estudos efectuados em modelos animais e em seres humanos demonstraram que a diminuição das ROS melhora a sensibilidade à insulina relacionada com a obesidade (Facchini et al. 2000)

Em contrapartida, de acordo com os resultados dos estudos efectuados por (Kajanochumpal et al, 1997; Moussa, 2008; Ehsaneh et al, 2012), a atividade média da SOD foi significativamente mais elevada nos doentes diabéticos de tipo 2 em comparação com os indivíduos saudáveis.

Estas diferenças podem dever-se ao método de determinação.

4.1.2 Interlukine -18

Este estudo avaliou os efeitos da DMT2 no marcador inflamatório IL-18. É amplamente reconhecido que a DMT2 está associada a uma inflamação crónica de baixo grau (Pradhan, 2007).

Tem sido indicado que o aumento da inflamação é um fator de risco independente para o desenvolvimento de DM2 (Barzilay et al, 2001; Pradhan et al, 2003).

O objetivo deste estudo foi investigar o nível sérico do marcador inflamatório IL-18 como potencial preditor da DM2 e a correlação entre o nível sérico de IL-18 e o controlo da glicemia.

Verificou-se uma elevação significativa do nível sérico de IL-18 nos doentes com DMT2 em comparação com o grupo de controlo p<0,001 Figura (3- 2).

De facto, verificou-se uma interação significativa entre a glicose elevada e a IL-18. Foi demonstrado que a IL-18 prediz o desenvolvimento de T2DM (Thorand et al, 2005). Por outro lado, foi demonstrado que a hiperglicemia experimental aumenta as concentrações de IL-18 (Esposito et al, 2002).

Vários estudos deram mais apoio à associação **inflamação/T2DM** ao demonstrarem níveis séricos mais elevados de IL-18 em doentes com T2DM.

O resultado do presente estudo foi concordante com muitas descobertas anteriores (Pickup et al, 2000 ; Esposito et al, 2002; Aso et al, 2003; Moriwaki et al,2003; Esposito et al, 2003; Katherine et al, 2003; Yoshimasa et al, 2003 Esposito et al, 2004 ; Hung et al, 2005 ; Thorand et al, 2005 ; Fischer et al, 2005 ; Nakamura et al, 2005; Akihiko et al, 2005 ; Netea et al, 2006 ; Araki et al, 2007; Katherine et al, 2007 ; Juliet et al, 2007; Zilverschoon et al, 2008 ; Hivert et al, 2009 ; Jagannathan et al, 2010) que relataram uma elevação significativa dos níveis séricos de IL-18 em doentes com DMT2 em comparação com o grupo de controlo.

Esta descoberta sugeriu que a IL-18 pode estar envolvida na patogénese da DMT2. Assim, os dados do presente estudo apoiam o papel da inflamação na patogénese e fisiopatologia da DM2.

Foi relatado que a perda de peso mediada por uma intervenção dietética com restrição calórica diminui os níveis de IL-18 em mulheres obesas. Para além disso, foi demonstrado que as intervenções combinadas com dieta e exercício reduzem os níveis de IL-18 tanto em homens como em mulheres obesos. Estudos relataram uma redução dos níveis séricos de IL-18 através da dieta e da suplementação com ácidos gordos ómega 3 numa população de homens idosos de alto risco (Esposito et.al 2002).

Assim, o resultado do presente estudo veio juntar-se à evidência crescente de que a DMT2 pode ser considerada como um estado inflamatório crónico de baixo grau. Os resultados deste estudo apoiaram a hipótese de que os mecanismos inflamatórios podem desempenhar um papel importante na incidência, desenvolvimento e progressão da DMT2.

Neste estudo prospetivo de controlo de casos, os níveis elevados de IL-18 demonstraram prever o desenvolvimento e a progressão da DMT2 e verificou-se uma associação entre a elevação significativa do nível sérico de IL-18 e a incidência de DMT2.

Estudos recentes sugeriram que um mecanismo inflamatório mediado por macrófagos pode desempenhar um papel importante na patogénese da DMT2 e demonstraram que a inflamação é um processo chave no desenvolvimento da diabetes mellitus e das complicações diabéticas. Os mecanismos para a elevação dos níveis séricos de IL-18 na DMT2 permanecem pouco claros, embora o stress oxidativo seja um candidato (Arnalich et al, 2000).

A interleucina-18 (IL-18) é uma potente citocina pró-inflamatória que tem sido associada ao desenvolvimento de DM2 (Hung et al, 2005; Thorand et al, 2005) e recentemente tem estado envolvida na patogénese da DM.

A glicose elevada foi um preditor independente de eventos para todos os marcadores inflamatórios, as taxas de eventos foram mais elevadas em doentes com glicose elevada (Marius et al, 2009).

A IL-18 estimula a libertação de interferão e apresenta actividades potentes nas células inflamatórias e vasculares. E é considerada uma citocina pró-inflamatória (Okamura et al 1998). Recentemente, foi registado um aumento da expressão de IL-18 nas placas ateroscleróticas ulceradas da carótida (Mallat Z et. al 2001). Sugerindo que a IL-18 também desempenha um papel na desestabilização da placa. Um estudo recente (Blankenberg S et.al 2002) identificou concentrações séricas elevadas de IL-18 como um forte fator de previsão de morte por causas cardiovasculares em doentes com DAC.

4.1.3 . MatrizMetaloprotinase-9

O grau de incidência, desenvolvimento e progressão da doença foi avaliado através do estudo dos níveis séricos de MMP-9.

Uma concentração elevada de glicose inibe a degradação da matriz e afecta as actividades das enzimas responsáveis, as metaloproteinases da matriz (MMPs) e os seus inibidores tecidulares (TIMPs) (McLennan et al, 2004).

A expressão da MMP-9 pode ser promovida pelo stress oxidativo e pela hiperglicemia, que são as principais caraterísticas da DMT2.

O resultado do presente estudo demonstrou que houve uma elevação significativa do nível sérico de MMP-9 no T2DM em comparação com o grupo de controlo p< 0,001 Figura (3- 1).

O resultado do presente estudo foi concordante com achados anteriores (Ebihara et al, 1998 ; Uemura et al, 2001 ; Shiro et al, 2001 ;Uemura et al, 2001 ; Haffner et al, 2002 ; Marx et al, 2003 ; Mark et al, 2003 ; Nikolaus et al, 2003 ; Hao e Yu, 2003 ; Weihrauch et al, 2004; Muzahir et al, 2004 ; Salvatore et al, 2005 ; Giebel et al, 2005 ; Signorelli et al, 2005 ; Chung et al, 2006 ; Derosa et al, 2006 ; Ada et al, 2009 ; Kowluru, 2010 ; Jieli et al, 2011 ; Kowluru et al, 2011 ; Mohammad e Kowluru, 2012 ; Karhaiya et al, 2013 ; Wen-Chung et al, 2013; Qing e Renu, 2013; Sourav et al, 2013), que relataram um aumento significativo do nível sérico de MMP-9 em comparação com adultos saudáveis como grupo de controlo.

Os dados do presente estudo apoiam a possibilidade de a hiperglicemia poder estar relacionada com o aumento da atividade da MMP-9 e dada a correlação positiva entre as concentrações séricas de MMP-9 e a HbAiC.

Este estudo de caso-controlo também explicou a possibilidade do papel da MMP-9 na previsão do desenvolvimento e progressão da DM2, bem como apoiou a associação entre a elevação significativa do nível sérico de MMP-9 e a incidência de DM2.

A explicação para o aumento da expressão da MMP-9 no T2DM foi que a hiperglicemia direta ou indiretamente (por exemplo, através do stress oxidativo ou de produtos de glicação avançada) pode aumentar a expressão e a atividade das MMP nos grandes vasos (Chung et al, 2009). Há cada vez mais provas que indicam que o stress oxidativo pode desempenhar um papel importante na patogénese da DMT2 e que a MMP-9 é activada por ROS. E a sua expressão parece ser regulada pelo stress oxidante (Rajagopalan et al, 1996; Uemura et al, 2001). Além disso, o stress oxidativo parece desempenhar um papel primordial na atividade da MMP-9 induzida pela glicose, sugerindo um possível efeito benéfico da terapia antioxidante no T2DM.

Assim, de acordo com os resultados anteriores, concluiu-se que o nível elevado de glucose sérica sugeriu que o stress oxidativo está envolvido na indução de MMP-9 pela hiperglicemia. Contrariamente às expectativas do presente estudo, (Del et al, 1997; Song et al, 1999; Vera et al, 2002; Sampson et al, 2004; Krzysztof et al, 2011) demonstraram concentrações mais baixas de MMP-9 em doentes com DMT2.

Enquanto os estudos reconheceram que a concentração plasmática de MMP-9 não era diferente entre participantes diabéticos e não diabéticos, alguns estudos demonstraram que não havia diferença nas MMPs plasmáticas entre pacientes com DM tipo 2 (Papazafiropoulou et al, 2010).

A hipótese do estudo estava em concordância com os dados do presente estudo, em que se verificou um aumento significativo do nível sérico de MMP-9 em comparação com o grupo de controlo, p=0,001 (Figura 3-1).

A atividade da metaloproteinase-9 da matriz (MMP-9) está aumentada na DM2, em parte devido ao aumento do stress oxidativo, que desempenha um papel importante. Este novo mecanismo de expressão da MMP-9 sensível à redox pela hiperglicemia pode fornecer uma justificação para a terapia antioxidante para modular o T2DM .

4.2. Efeito da idade

De acordo com os resultados, o fator idade não tem grande efeito no nível sérico dos parâmetros estudados na população do nosso estudo. Isto pode dever-se ao facto de a maioria dos nossos participantes ser idosa e de o efeito do controlo da glicose no sangue sobre a SOD, a MMP-9 e a IL-18 ser superior ao efeito da idade sobre os parâmetros estudados. Para detetar com precisão o efeito da idade sobre os parâmetros estudados, deve ser excluída a hiperglicemia.

Os dados de (Undurti N. Das, 2008) sugerem que o aumento da incidência de DMT2 nos idosos pode dever-se a alterações nos mecanismos homeostáticos que controlam os mediadores inflamatórios e que a inflamação sistémica de baixo grau ocorre na DMT2.

A diabetes tipo 2 é um fardo comum nos idosos (Meneilly e Tessier, 2001). Há uma série de alterações que ocorrem à medida que o ser humano envelhece. O envelhecimento está associado a alterações na composição corporal que têm implicações no desenvolvimento da resistência à insulina e da diabetes.

Estas informações corroboram o resultado do presente estudo, segundo o qual os indivíduos idosos correm um risco elevado de desenvolver DMT2. A idade média da nossa população de estudo foi de 55,98 ± 8,277 (Tabela 3-1),

De acordo com o estudo atual (Molham et al, 2004), mais de 80% dos diabéticos de tipo II tinham mais de 40 anos.

(Hisalkar et al, 2012) publicaram que não foi encontrada uma correlação significativa entre a enzima antioxidante SOD e vários grupos etários em pessoas saudáveis não diabéticas.

A atividade da SOD diminui com o avançar da idade em indivíduos não diabéticos (Hamilton et al, 2001). Embora os mecanismos exactos não sejam conhecidos. Presume-se que o stress oxidativo é um fator importante no processo de envelhecimento e que os indivíduos mais resistentes à acumulação de danos oxidativos viverão mais tempo.

Há também muitas evidências que comprovam que os marcadores inflamatórios aumentam com a idade. E também os nossos resultados indicaram valores elevados (IL-18 e MMP-9) em doentes com DMT2 que já tinham idade avançada. Para diferenciar o principal fator causador do aumento dos marcadores inflamatórios no nosso estudo, os dados confirmaram que o efeito do controlo da diabetes foi mais significativo do que o efeito da idade entre os nossos participantes.

O efeito da glicemia não controlada em relação à melhor controlada, a SOD foi menor nos doentes diabéticos não controlados em comparação com os doentes diabéticos melhor controlados e o nível sérico de (IL-18 e MMP-9) foi maior nos doentes com DM não controlados do que nos doentes melhor controlados (quadro 3-2). Estes parâmetros indicam que o stress oxidativo e o processo inflamatório também (IL-18) são um indicador de doença cardiovascular. O stress oxidativo é maior durante a fase não controlada da diabetes. A conclusão de (Hisalkar et al, 2012) estava de acordo com as observações efectuadas anteriormente (Rahbani et al, 1999). O stress oxidativo é maior durante a fase não controlada da diabetes.

4.3. Efeito do género

A diferença entre os géneros foi menor nas populações diabéticas do que nas não diabéticas (Kanaya et al, 2002; Hyvarinen et al, 2009).

No entanto, as mulheres diabéticas em geral são mais vulneráveis ao aumento dos factores de risco cardiovascular e à mortalidade do que os homens diabéticos (Walden et al, 1984; Howard et al, 1998; Juutilainen et al, 2004; Petitti et al, 2007).

De acordo com o estudo de (Hisalkar et al, 2012), foi examinada a relação entre o género e a oxidação/estado antioxidante. O valor médio da SOD foi mais elevado nos homens saudáveis não diabéticos em comparação com as mulheres saudáveis não diabéticas. No caso dos diabéticos, estes níveis de antioxidantes diminuíram ligeiramente, mas não foi encontrada uma diferença significativa nos homens diabéticos em comparação com as mulheres diabéticas. O estudo de (Hisalkar et al, 2012) mostrou claramente que os doentes diabéticos, independentemente do sexo, estavam expostos a um maior stress oxidativo. Existem várias razões para as discrepâncias entre os estudos. O ambiente externo também contribui significativamente para o stress oxidativo. Outros factores, como a composição corporal, o tabagismo, a dieta, o nível de atividade física e a força do mecanismo de defesa, também são importantes.

Isto mostrou claramente que os doentes com DMT2, independentemente do sexo, estavam expostos a um aumento do stress oxidativo e da inflamação. Outros estudos mostraram um aumento mais acentuado dos factores de risco cardiovascular nas mulheres diabéticas em comparação com os homens diabéticos (Lee et al 2000 ; Yusuf et al, 2004 ; Huxley et al, 2006).

O presente estudo mostrou que o efeito do controlo da glicemia foi maior do que o efeito do género, pelo que a diferença entre homens e mulheres não foi significativa (exceto no caso da MMP-9, em que o nível sérico é ligeiramente mais elevado nos homens), enquanto a HbA1C tem um grande efeito na IL-18, na MMP-9 e na SOD (Quadro 3-5).

4.4. Pontos fortes do estudo

O presente estudo é o primeiro estudo prospetivo na cidade de Erbil a investigar os efeitos combinados do efeito oxidativo/estado antioxidante através da investigação da SOD e da inflamação através da medição dos marcadores IL-18 e MMP em doentes com DMT2.

Por conseguinte, estes resultados forneceram a primeira prova de uma associação estreita entre os níveis séricos de SOD, IL-18 e MMP-9 em combinação com a incidência de DMT2. E a correlação dos parâmetros estudados com o controlo da glicemia.

4.5. Utilidade clínica e implicações deste estudo

Os custos económicos e sociais da diabetes são enormes, tanto em termos de serviços de saúde como de perda de produtividade.

A importância desta investigação é, portanto, fornecer uma atualização do pensamento atual sobre a DMT2, a fim de melhorar a saúde física dos doentes com DMT2.

Estas análises podem fornecer novos conhecimentos sobre os mecanismos através dos quais o stress oxidativo pode influenciar os sintomas clínicos e a progressão da doença.

A orientação farmacológica destes parâmetros pode fornecer meios eficazes para controlar a DM2 e diminuir as suas complicações.

O crescente conhecimento e melhor compreensão do papel dos processos inflamatórios no contexto da DMT2 representará uma importante oportunidade terapêutica para o desenvolvimento de novas estratégias que possam ser traduzidas com sucesso em aplicações clínicas para o tratamento desta doença.

É preciso ter em conta que o principal objetivo da investigação é o de poder vir a revelar algo que ajude, direta ou indiretamente, os doentes de que cuidamos.

As alterações nos níveis séricos destes parâmetros contribuíram para a incidência da DM2 e estão intimamente relacionadas com o controlo da glicemia. Estes resultados são susceptíveis de fornecer informações prognósticas relevantes para ajudar na gestão da DMT2.

4.6. Limitações

Este estudo baseou-se num número reduzido de população, o que se deve ao facto de os kits ELISA serem muito caros.

CAPÍTULO 5

CONCLUSÃO E RECOMENDAÇÃO

5.1 Conclusões

1) Este estudo prospetivo de controlo de casos revelou que existem diferenças significativas nos níveis séricos de (SOD, MMP-9, IL-18) entre os doentes com DMT2 e os indivíduos saudáveis. A diferença nos níveis séricos foi a seguinte: existe um nível sérico significativamente mais baixo de SOD nos doentes com DMT2 em comparação com o grupo de controlo, concomitantemente com elevações significativas de IL-18 e MMP-9 em comparação com o grupo de controlo.

2) Existe uma forte correlação significativa entre o controlo da glicose no sangue (HbA1C) e (SOD, MMP-9 e IL-18). Isto significa que o aumento da concentração de glicose no sangue conduz a um maior stress oxidativo e inflamação.

3) Os resultados mostraram uma fraca correlação entre o fator idade e (SOD, MMP-9, IL-18).

4) O estudo concluiu que não existem diferenças significativas nos níveis séricos dos parâmetros estudados (SOD, MMP-9, IL-18) entre os homens e as mulheres.

5.2 RECOMENDAÇÕES

São necessários mais estudos com amostras de maior dimensão para confirmar e elucidar os nossos resultados e são necessários mais estudos prospectivos sobre a relação entre o estado oxidante/antioxidante e a inflamação com a incidência de DM para reforçar esta base de evidência.

O conhecimento crescente e a melhor compreensão do papel dos processos inflamatórios na patogénese da DMT2 representarão um importante contributo terapêutico.

oportunidade para o desenvolvimento de novas estratégias que possam ser traduzidas com sucesso em aplicações clínicas para o tratamento da DMT2.

À medida que se acumulam provas que ligam os processos inflamatórios à DMT2, os marcadores de inflamação podem tornar-se úteis, fornecendo informações adicionais sobre o risco de um doente desenvolver DMT2, bem como novos alvos de tratamento. Os mecanismos de produção e atividade da IL-18 na DMT2 permitirão a identificação de alvos para uma intervenção terapêutica mais eficaz.

Postula-se que mais investigação em grupos maiores de indivíduos poderá ajudar a elucidar os efeitos da hiperglicemia sobre a atividade das metaloproteinases da matriz em seres humanos.

REFERÊNCIAS

- Abdel Wahab N, Mason RM(1996). Modulation of neutral protease expression in human mesangial cells by hyperglycaemic culture. Biochem J; 320:777-83.
- Ada W.Y. Chung, York N. Hsiang, Lise A. Matzke, Bruce M. McManus, Cornelis van Breemen (2009). Expressão Reduzida do Fator de Crescimento Endotelial Vascular em Paralelo com o Aumento da Expressão da Angiostatina Resultante das Actividades

Apreciadas da Matriz Metaloproteinase-2 e -9 na Vasculatura Arterial Diabética Tipo 2 Humana. Circulation Research. ; 99: 140- 48.

- Aguirre V, Uchida T, Yenush L, Davis R,(2000) White MF. A cinase c-Jun NH(2)-terminal promove a resistência à insulina durante a associação com o substrato-1 do recetor de insulina e a fosforilação de Ser(307). J Biol Chem.;275(12):9047-9054.

- Akihiko Nakamura ; Kenichi Shikata ; Makoto Hiramatsu ;Tatsuaki Nakatou; Takuya Kitamura; Jun Wada et al (2005). Serum Interleukin-18 Levels Are Associated With Nephropathy and Atherosclerosis in Japanese Patients With Type 2 Diabetes. Diabetes Care ; 28 (12) :2890- 95

- Aldebasi Y, Mohieldein A, Almansour Y, Almoteri B (2011).Desequilíbrio do estado oxidante/antioxidante e factores de risco em doentes diabéticos sauditas de tipo 2 com retinopatia. Br J *Medi Med Res* ; 1(4):371- 84.

- Associação Americana de Diabetes (2007). Padrões de cuidados médicos em diabetes. Diabetes Care ;1: 4- 5.

- American Diabetes Association (2010).Diabetes statistics [artigo online]. Disponível em www.diabetes.org/diabetes-basics/diabetes-statistics. Acedido em 22 de fevereiro de 2014.

- Associação Americana de Diabéticos (2005). Diretrizes. Padrões de cuidados médicos em Diabetes. Diabetes Care ; 28 (1): 4-36.

- Araki S, Haneda M, Koya D, Sugimoto T, Isshiki K, Chin-Kanasaki M, Uzu T, Kashiwagi A (2007).Impacto preditivo do nível sérico elevado de IL-18 na disfunção renal precoce na diabetes tipo 2: um estudo de acompanhamento observacional. Diabetologia. ;50:867- 73.

- Arnalich F, Hernanz A, Lopez-Maderuelo D, Pena JM, Camacho J, Madero R, Vazquez JJ, Montiel C (2000). Aumento da resposta de fase aguda e do stress oxidativo em adultos mais velhos com diabetes tipo II. Horm Metab Res ; 32 : 407 - 12.

- Ayo SH, Radnik RA, Garoni JA, Glass 2nd WF, Kreisberg JI (1990). A glucose elevada provoca um aumento das proteínas da matriz extracelular nas células mesangiais em cultura. Am J Pathol Erratum; 137:preceding 225, 136:1339- 48

- Badawi A, Klip A, Haddad P, et al. Type 2 diabetes mellitus and inflammation: prospects for biomarkers of risk and nutritional intervention.

- Badjatia N, Satyam A, Singh P, Seth A, Sharma A. (2009). Estado antioxidante alterado e peroxidação lipídica em doentes indianos com carcinoma urotelial da bexiga. J Urol Oncol ; 28:1-8.

- Barzilay JI, Abraham L, Heckbert SR (2001). A relação entre os marcadores de inflamação e o desenvolvimento de distúrbios da glucose nos idosos: o Cardiovascular Health *Study .Diabetes* ;50:2384- 89 .

- Baynes , J.W(1991). Role of oxidative stress in development of complications in diabetes, *Diabetes*; 40:405-12.

- Baynes JW, Thorpe SR.(1999). Role of oxidative stress in diabetic complications: Uma nova perspetiva sobre um velho paradigma. *Diabetes* ;48:1-9.

- Berry C, Tardif JC, Bourassa MG (2007). Doença coronária em pacientes com diabetes: parte I: avanços recentes na prevenção e tratamento não invasivo. *J Am Coll Cardiol* ;49(6) : 631- 42.

- Bigagli E, Raimondi L, Mannucci E, Colombi C, Bardini G, Rotella CM, et *al., (*2012). Produtos de oxidação lipídica e proteica, estado antioxidante e complicações vasculares na diabetes tipo 2 mal controlada. *British Journal of Diabetes & Vascular Disease*;12: 33-39.
- Bisht Shradha, Sisodia S S (2010). DIABETES, DISLIPIDEMIA, ANTIOXIDANTE E ESTADO DE STRESS OXIDATIVO. Revista Internacional de Investigação em Ayurveda e Farmácia; 1(1) : 33-42 .
- Blake GJ, Ridker PM (2002) . Bio-marcadores inflamatórios e previsão do risco cardiovascular. *J Intern Med* ; 252:283- 94.
- Blankenberg S, Luc G, Ducimetiere P, Arveiler D, Ferrieres J, Amouyel P, et al.(2003).Interleukin-18 and the risk of coronary heart disease in European men: the Prospective Epidemiological Study of Myocardial Infarction (PRIME). *Circulation* ; 108:2453- 59
- Blankenberg S, Tiret L, Bickel C, Peetz D, Cambien F, Meyer J, Rupprecht HJ, (2002) AtheroGene Investigators: Interleukin-18 is a strong predictor of cardiovascular death in stable and unstable angina. *Circulation* 106:24-30,
- Bond M, Chase AJ, Baker AH, Newby AC, (2001) Inhibition of transcription fator NF-kappaB reduces matrix metalloproteinase-1, -3 and - 9 production by vascular smooth muscle cells. Cardiovasc Res 50: 556-565,.
- Bray RC, Cockle SA, Martin-Fielder E, et al. (1974) . Redução e inativação da superóxido dismutase pelo peróxido de hidrogénio. Biochem J ; 139: 43-8.
- Calder PC, Alber R, Antonie JM (2009) inflammotory disease process and interaction with nutrition. Br J Nur.; Suppl 1:S1-S45
- Ceriello A.(2000). Stress oxidativo e regulação glicémica. *Metabolismo;* 49(2, Suplemento 1):27-29.
- Crowther NJ,Ferris WF, Ojwang PJ & Rheeder P (2006).O efeito da obesidade abdominal na sensibilidade à insulina e nas concentrações séricas de lípidos e citocinas em mulheres africanas. Clinical Endocrinology ; 64 :535- 41.
- Dall T, Mann SE, Zhang Y, Martin J, Chen Y, Hogan P (2008).Custos económicos da diabetes nos EUA em 2007. *Diabetes Care* ; 31:596- 15.
- Del Prete D, Anglani F, Forino M, Ceol M, Fioretto P, Baggio B, Gambaro G, Nosadini R (1997). Regulação negativa do gene da metaloproteinase-2 da matriz glomerular na NIDDM humana. *Diabetologia* ; 40 :1449 - 54.
- Derosa G, D'Angelo A, Tinelli C, et al (2006).Avaliação dos níveis de metaloproteinase 2 e 9 e dos seus inibidores em indivíduos diabéticos e saudáveis. Diabetes Metab. ;33 (2):129-34.
- Dinarello CA (2007). Interleukin-18 e a patogénese das doenças inflamatórias. *Semin Nephrol* ; 27:98-114.
- Donath, M.Y., Shoelson, S.E. (2011). Diabetes tipo 2 como uma doença inflamatória. Nat. Rev. Immunol. ;11, 98-107

- Ebihara I, Nakamura T, Shimada N, Koide H (1998). O aumento das concentrações de metaloproteinase-9 no plasma precede o desenvolvimento de microalbuminúria na diabetes mellitus não dependente de insulina. *Am J Kidney Dis* ; 32:544- 50.
- Ehsaneh Taheri Mahmoud Djalali, Ahmad Saedisomeolia, Ali Malekshahi Moghadam , Abolghasem Djazayeri e Mostafa Qorbani (2012). A relação entre a ativação de enzimas antioxidantes nos glóbulos vermelhos e o índice de massa corporal na diabetes tipo 2 iraniana e em indivíduos saudáveis. *Jornal de Diabetes e Distúrbios Metabólicos*; 11:3
- Enrique Z Fisman, Michael Motro e Alexander Tenenbaum (2003). Diabetologia cardiovascular no núcleo de uma nova classificação de interleucinas: o mau, o bom e o indiferente. *Diabetologia Cardiovascular* ; 2:11
- Esposito K, Marfella R, Giugliano D (2004). As concentrações plasmáticas de interleucina-18 estão elevadas na diabetes tipo 2. Diabetes Care 27 : 272 .
- Esposito K, Nappo F, Marfella R, Giugliano G, Giugliano F, Ciotola M, Quagliaro L, Ceriello A, Giugliano D (2002). As concentrações de citocinas inflamatórias são agudamente aumentadas pela hiperglicemia em humanos: papel do stress oxidativo. *Circulation* ; 106:2067- 72 a.
- Evans JL, Maddux BA, Goldfine ID. (2005) The molecular basis for oxidative stress-induced insulin resistance. Antioxid Redox Signal.;7(7-8): 1040-1052."
- Everett BM, Bansal S, Rifai N, Buring JE, Ridker PM (2009). Interleukin-18 and the risk of future cardiovascular disease among initially healthy women. Atherosclerosis ;202(1):282- 88.
- Facchini FS, Hua NW, Reaven GM, Stoohs RA.(2000) Hyperinsulinemia: the missing link among oxidative stress and age-related diseases? Free Radic Biol Med.;29(12):1302-1306.
- Fajans S (1995).Diabetes mellitus, definição, classificação, testes. In: *Endocrinology Degroat L, 3rd ed, Saunders Co, USA*, :1411- 22.
- Fang L, Du XJ, Gao XM, Dart AM,(2010) Activation of peripheral blood mononuclear cells and extracellular matrix and inflammatory gene profile in acute myocardial infarction. Clin Sci (Lond) 119: 175-183,.
- Fernandez-Real JM, Pickup JC (2008). Imunidade inata, resistência à insulina e diabetes tipo 2. Trends Endocrinol Metab. ;19(1):10-16.
- Fernandez-Real JM, Ricart W(2003). Resistência à insulina e síndrome inflamatória cardiovascular crónica. Endocr Rev ;24: 278-301.
- Fischer CP, Perstrup LB, Berntsen A, Eskildsen P, Pedersen BK (2005). Elevated plasma interleukin-18 is a marker of insulin-resistance in type 2 diabetic and non-diabetic humans. Clin Immunol ; 117:152- 60.
- Fujita T, Ogihara N, Kamura Y, Satomura A, Fuke Y, Shimizu C, et al. (2010). A interleucina-18 contribui mais estreitamente para a progressão da nefropatia diabética do que outras complicações diabéticas. Ata Diabetol ; no prelo.
- Gendelman, N., Snell-Bergeon, J.K., McFann, K., Kinney, G., Paul Wadwa, R., Bishop, F., Rewers, M., Maahs, D.M. (2009). Prevalência e correlações de depressão

em indivíduos com e sem diabetes tipo 1. Diabetes Care ; 32, 575- 79.

- Giacco F, Brownlee M (2010). Stress oxidativo e complicações diabéticas. Circ Res. ;107:1058- 70.

- Giebel SJ, Menicucci G, McGuire PG, Das A (2005).Matrix metalloproteinases in early diabetic retinopathy and their role in alteration of the blood-retinal barrier. Lab *Invest* ;85:597- 07.

- Glans F, Elgzyri T, Shaat N, Lindholm E, Apelqvist J, Groop L (2008). Os imigrantes do Médio Oriente têm uma forma diferente de diabetes tipo 2 em comparação com os pacientes suecos. Diabet Med; 25(3):303-07.

- Gregg EW, Gu Q, Cheng YJ, Narayan KM, Cowie CC (2007). Tendências de mortalidade em homens e mulheres com diabetes, 1971 a 2000.Ann Intern Med 2007, 147:149-55.

- Grimm T, Chovanova Z, Muchova J, Sumegova K, Liptakova A, Durackova Z, Hogger.(2006) Inibição da ativação de NF-kappaB e da secreção de MMP-9 no plasma de voluntários humanos após a ingestão de extrato de casca de pinheiro-bravo (Pycnogenol). J Inflamm 3: 1,.

- Gupta M. e Chari S.(2006). "Proxidant and antioxidant status in patients of type II diabetes mellitus with IHD," *Indian Journal of Clinical Biochemistry;* 21(2) : 118- 22.

- Gutteridge JM, Halliwell B(2000). Radicais livres e antioxidantes no ano 2000: um olhar histórico para o futuro. *In:* Chuang ChinChiueh*, ed.* Reactive oxygen species from radiation to molecular biology. *Anais da Academia de Ciências de Nova Iorque; vol* 899. Nova Iorque*: A Academia de Ciências de Nova Iorque:* **136-47.**

- Haber CA, Lam TK, Yu Z, (2003) N-acetylcysteine and taurine prevent hyperglycemia-induced insulin resistance in vivo: possible role of oxidative stress. Am J Physiol Endocrinol Metab.; 285(4):E744 E753.

- Halade GV, Jin YF, Lindsey ML,(2013) Matrix metalloproteinase (MMP)- 9: a proximal biomarker for cardiac remodeling and a distal biomarker for inflammation. Pharmacol Therap 139: 32-40,.

- Hamilton CA, Brosnan MJ, McIntyre M,Graham D, Dominiczak AF(2001). Excesso de superóxido na hipertensão e no envelhecimento: uma causa comum de disfunção endotelial. *Hypertension ;*37:529-534. (2 parte 2).

- *Hao F, Yu JD (2003). A glicose elevada aumenta a expressão da metaloproteinase-2 da matriz em células musculares lisas. Ata Pharmacol Sin. ;24: 534 38.*

- Hart PJ (2006). Pathogenic superoxide dismutase structure, folding, aggregation and turnover. *Curr Opin Chem Biol* ; 10:131-8.

- Hashemipour M, Kelishadi R, Shapouri J.(2009) Effect of zinc supplementation on insulin resistance and components of the metabolic syndrome in prepubertal obese children. Hormonas (Atenas); 8(4):279-285.

- Hayden MR, Sowers JR, Tyagi SC (2005). O papel central da matriz extracelular vascular e da remodelação da membrana basal na síndrome metabólica e na diabetes tipo 2: a matriz pré-carregada. Cardiovasc Diabetol. ;4:9.

- Hiroki Fujita , Hiromi Fujishima , Shinsuke Chida , Keiko Takahashi , Zhonghua Qi

,Yukiko Kanetsuna , Matthew D. Breyer et al (2009). Redução da Superóxido Dismutase Renal na Nefropatia Diabética Progressiva. Journal of the American Society of Nephrology ; 20 (6) :1303- 13.

- Hisalkar PJ, Patne AB , Fawade MM , Karnik AC (2012). Avaliação da superóxido dismutase plasmática e da glutationa peroxidase em pacientes diabéticos tipo 2. *Biologia e Medicina;* 4 (2): 65-72.

- Hivert MF, Sun Q, Shrader P, Mantzoros CS, Meigs JB, Hu FB (2009). Circulating IL-18 and the risk of type 2 diabetes in women. *Diabetologia* ; 52:2101- 08.

- Hopps E. , Caimi G.(2012). Metaloproteinases de matriz na síndrome metabólica. Jornal europeu de medicina interna. 23 (2): 99- 04.

- Hotamisligil GS, Arner P, Caro JF, Atkinson RL, Spiegelman BM. Aumento da expressão do fator de necrose tumoral alfa no tecido adiposo na obesidade humana e na resistência à insulina. J Clin Invest. 1995;95(5): 2409-15.

- Howard BV, Cowan LD, Go O, Welty TK, Robbins DC, Lee ET (1998). Efeitos adversos da diabetes em múltiplos factores de risco de doenças cardiovasculares nas mulheres. The Strong Heart Study. Diabetes Care ;21(8):1258- 65.

- Hung J, McQuillan BM, Chapman CM, Thompson PL, Beilby JP (2005). Elevated interleukin-18 levels are associated with the metabolic syndrome independent of obesity and insulin resistance. Arterioscler Thromb Vasc Biol ; 25:1268- 73.

- Hung J, McQuillan BM, Chapman CM, Thompson PL, Beilby JP (2005). Elevated interleukin-18 levels are associated with the metabolic syndrome independent of obesity and insulin resistance. Arterioscler Thromb Vasc Biol ; 25:1268- 73.

- Hung J, McQuillan BM, Chapman CM, Thompson PL, Beilby JP (2005). *Elevated interleukin-18 levels are associated with the metabolic syndrome independent of obesity and insulin resistance.* Arterioscler Thromb Vasc Biol *;* 25:1268- *73.*

- Huxley R, Barzi F, Woodward M (2006). Excesso de risco de doença coronária fatal associado à diabetes em homens e mulheres: meta-análise de 37 estudos de coorte prospectivos. *BMJ* ;332(7533):73- 8.

- Hyvarinen M, Tuomilehto J, Laatikainen T, Soderberg S, Eliasson M, Nilsson P, et al (2009) . O impacto da diabetes na doença coronária difere do impacto no acidente vascular cerebral isquémico em função do sexo. *Cardiovasc Diabetol* ;8:17.

- Inoguchi T, Li P, Umeda F, (2000) High glucose level and free fatty acid stimulate reactive oxygen species production through protein kinase C- dependent activation of NAD(P)H oxidase in cultured vascular cells. Diabetes.;49(11):1939-1945.

- Jagannathan, M., McDonnell, M., Liang, Y., Hasturk, H., Hetzel, J., Rubin, D., Kantarci, A., Van Dyke, T.E., Ganley-Leal, L.M., Nikolajczyk, B.S., (2010). Os receptores do tipo Toll regulam a produção de citocinas pelas células B em pacientes com diabetes. Diabetologia ; 53: 1461- 71.

- Jieli Chen, Alex Zacharek, Yisheng Cui , Cynthia Roberts, ;Michael Chopp (2011). Danos na Matéria Branca e o Efeito das Metaloproteinases da Matriz em Ratos Diabéticos Tipo 2 Após Acidente Vascular Cerebral. *Acidente Vascular Cerebral*; 42: 445- 52.

- Johansen JS, Harris AK, Rychly DJ, Ergul A. Oxidative stress and the use of antioxidants in diabetes: linking basic science to clinical practice. Cardiovasc Diabetol. 2005;4(1):5.

- Juliet Evans, Malcolm Collins, Courtney Jennings, Lize van der Merwe , Ingegerd Soderstrom , Tommy Olsson , Naomi S Levittl, Estelle V Lambert e Julia H Goedecke (2007) . A associação do genótipo e dos níveis séricos da interleucina-18 com factores de risco metabólicos para doenças cardiovasculares. *Eur J Endocrinol;* 157: 633 - 40.

- Juutilainen A, Kortelainen S, Lehto S, Ronnemaa T, Pyorala K, Laakso M (2004). Gender difference in the impact of type 2 diabetes on coronary heart disease risk (Diferença de género no impacto da diabetes tipo 2 no risco de doença coronária). *Diabetes Care*;27(12):2898-2904.

- Kadoglou NP, Iliadis F, Angelopoulou N, Perrea D, Ampatzidis G, Liapis CD, Alevizos M (2007) . Os efeitos anti-inflamatórios do exercício físico em doentes com diabetes mellitus tipo 2. *Eur J Cardiovasc Prev Rehabil* ; 14 (6):837- 43.

- Kahn SE (2008).As contribuições relativas da resistência à insulina e da disfunção das células beta na fisiopatologia da diabetes tipo 2. Diabetologia ; 46:**3-19**.

- Kajanochumpal S, Kominder S e Mahaisiryedom A (1997). Níveis plasmáticos de peróxido de lípidos e antioxidantes em doentes diabéticos. J Med Assoc Thai ; 80:372-77.

- Kamisawa T, Okamoto A.(2006) Autoimmune pancreatitis: proposal of IgG4-related sclerosing disease. J Gastroenterol; 41:613-25.

- Kanaya AM, Grady D, Barrett-Connor E (2002). Explicando a diferença de sexo na mortalidade por doença coronária entre pacientes com diabetes mellitus tipo 2: uma meta-análise. Arch Intern Med ;162(15):1737- 45.

- Kannel, W.B., Neaton, J.D., Wentworth, D., e Thomas, H.E., Stamler, J., e Hulley, S.B. (1986). Overall and coronary heart disease mortality rates in relation to major risk factors in 325,348 men screened for the MRFIT, Am. Heart J. 112 825-836.

- Karhaiya Singh ,Neeraj K.Agrawal , Sanjeerv K.Gupta, Kiram Singh (2013).Um polimorfismo funcional de nucleótido único-1562C > no promotor da metaloproteinase da matriz está associado à diabetes tipo 2 e à úlcera do pé diabético.Internation Journal of Lower Extremely Wounds ; 12(3):199-204

- Katherine Esposito,Francesco Nappo,Francesco Giugliano,Carmen Di Palo,Myriam Ciotola, Michelangela Barbieri et al(2003). Meal modulation of circulating interleukin 18 and adiponectin concentrations in healthy subjects and in patients with type 2 diabetes mellitus Am J Clin Nutr December ; 78 (6):1135- 40.

- Katulanda P, Constantine GR, Mahesh JG, Sheriff R, Seneviratne RD, Wijeratne S (2008). Prevalência e projecções de diabetes e pré-diabetes em adultos no Sri Lanka - Estudo Cardiovascular e de Diabetes do Sri Lanka (SLDCS). Diabet Med 2008, 25(9):1062-1069.

- Kinra S, Bowen LJ, Lyngdoh T, Prabhakaran D, Reddy KS, Ramakrishnan L (2010). Socio-demographic patterning of non-communicable disease risk factors in rural India: a cross sectional study. BMJ ; 341:c4974.

- Koenig W, Khuseyinova N, Baumert J, Thorand B, Loewel H, Chambless L, Meisinger C, Schneider A, Martin S, Kolb H, Herder C (2006). O aumento das concentrações de proteína C-reactiva e IL-6, mas não de IL-18, está independentemente associado a eventos coronários incidentes em homens e mulheres de meia-idade: resultados do estudo de coorte de casos MONICA/KORA Augsburg, 1984-2002. *Arterioscler Thromb Vasc Biol* ; 26: 2745- 51.
- Kong Q, Lillehei KO (1998). Inibidores antioxidantes para a terapia do cancro. Med Hypotheses ;51: 405-9.
- Koopmans, B., Pouwer, F., de Bie, R., Leusink, G., Denollet, J., Pop, V. (2009). Associações entre co-morbilidades vasculares e depressão em doentes com diabetes sem insulina: o estudo DIAZOB Primary Care Diabetes. Diabetologia ; 52, 2056- 63.
- Kowluru RA, Mohammad G, dos Santos JM, Zhong Q (2011).A anulação do gene MMP-9 protege contra o desenvolvimento de retinopatia em ratinhos diabéticos através da prevenção de danos mitocondriais. *Diabetes ;*60*:*3023- 33.
- Kruger AL, Peterson S, Turkseven S, Kaminski PM, Zhang FF, Quan S, Wolin MS e Abraham NG (2005) O D-4F induz a heme oxigenase-1 e a superóxido dismutase extracelular, diminui a descamação das células endoteliais e melhora a reatividade vascular num modelo de diabetes em ratos. Circulation ; 23: 312634.
- Krzysztof C. Lewandowski, Ewa Banach, Malgorzata Bienkiewicz e Andrzej Lewinski (2011). Matrix metalloproteinases in type 2 diabetes and non-diabetic controls: effects of short-term and chronic hyperglycaemia. Arch Med Sci. ; 7(2): 294-03.
- Lee WL, Cheung AM, Cape D, Zinman B (2000). Impacto da diabetes na doença arterial coronária em mulheres e homens: uma meta-análise de estudos prospectivos. Diabetes Care ;23(7):962- 68.
- Likidlilid A, Patchanans N, Peerapatdit T (2010). Peroxidação lipídica e actividades das enzimas antioxidantes nos eritrócitos de doentes diabéticos de tipo 2. Jornal da Associação Médica da Tailândia; 93: 682- 93.
- Lin, E., Rutter, C., Katon, W., Heckbert, S., Ciechanowski, P., Oliver, M., Ludman, E.,Young, B., Williams, L., McCulloch, D. (2010). Depressão e complicações avançadas da diabetes. Diabetes Care ; 33: 264.
- Lodovici M, Giovannelli L, Pitozzi V, Bigagli E, Bardini G, Rotella CM (2008). Danos oxidativos no ADN e capacidade antioxidante do plasma em doentes diabéticos de tipo 2 com bom e mau controlo glicémico. Mutation Research; 638: 98-102.
- Mallat Z, Corbaz A, Scoazec A, Besnard S, Leseche G, Chvatchko Y, Tedgui A.(2001) Expression of interleukin-18 in human atherosclerotic plaques and relation to plaque instability. *Circulation* 104:1598-1603,
- Mansour AA, Wanoose HL, Hani I, Abed-Alzahrea A (2008). Diabetes screening in Basrah, Iraq: a population-based cross-sectional study.*Diabetes* Res *Clin Pract* ; 79(1):147- 50.
- Mantovani G, Maccio A, Mura L, et al. Serum levels of leptin and proinflammatory cytokines in patients with advanced-stage cancer at different sites. J Mol Med 2000;78:

554-61.

- Marfella R, Quagliaro L, Nappo F, Ceriello A, Giugliano D. Acute hyperglycemia induces an oxidative stress in healthy subjects. J Clin Invest. 2001;108(4):635-636.
- Marian Valko , Dieter Leibfritz , Jan Moncol, Mark T.D. Cronin , Milan Mazur, Joshua Telser (2007). Radicais livres e antioxidantes em funções fisiológicas normais e doenças humanas. O Jornal Internacional de Bioquímica e Biologia Celular; 39 : 44-84.
- Marius Tr0seid, Ingebj0rg Seljeflot, Elsa M. Hjerkinn, Harald Arnesen (2009) . Interleukin-18 Is a Strong Predictor of Cardiovascular Events in Elderly Men With the Metabolic Syndrome Synergistic effect of inflammation and hyperglycemia. Diabetes Care março ; 32 (3) : 486-492
- Marjani et al ,(2010).Glycoxidative stress and cardiovascular complications in experimentally-induced diabetes: effects of antioxidant treatment. *Open Cardiovasc Med J* ; 4:240.
- Marx N., Froehlich J., Siam L., Ittner J., Wierse G., Schmidt A., et al (2003). Antidiabético PPAR gamma-activator rosiglitazone reduz os níveis séricos de MMP-9 em pacientes diabéticos tipo 2 com doença arterial coronária. *Arterioscler Thromb Vasc Biol;* 23:283- 88.
- Mathers, C., Fat, D.M., (2008). The Global Burden of Disease: 2004 Update. *Organização Mundial de Saúde,* Genebra, : 28-37.
- McLennan SV, Yue DK, Turtle JR (1998). Efeito da glucose na atividade da metaloproteinase da matriz em células mesangiais. *Nephron* ; 79:293- 98.
- McMillan SJ, Kearley J, Campbell JD, Zhu XW, Larbi KY, Shipley JM, Senior RM, Nourshargh S, Lloyd CM.(2004) Matrix metalloproteinase-9 deficiency results in enhanced allergen-induced airway inflammation. J Immunol 172: 2586-2594,.
- Meneilly GS, Tessier D (2001).Diabetes em adultos idosos. J *Gerontol A Biol Sci Med Sci* ; 56:M5-13.
- Milan Flekac, Jan Skrha, Jirina Hilgertova, Zdena Lacinova e Marcela Jarolimkova (2008).Gene polymorphisms of superoxide dismutases and catalase in diabetes mellitus. *BMC Medical Genetics.*
- Mohammad G, Kowluru RA (2012) .Retinopatia diabética e mecanismo de sinalização para a ativação da metaloproteinase-9 da matriz. *J Cell Physiol* ;227:1052- 61.
- Mohan D, Raj D, Shanthirani CS, Datta M, Unwin NC, Kapur A (2005). Awareness and knowledge of diabetes in Chennai - The Chennai urban rural epidemiology study.*J Assoc Physicians India* ; 53:283- 87.
- Molham Al-Habori, Mohamed Al-Mamari, Ali Al-Meeri (2004). Diabetes Mellitus tipo II e tolerância à glicose diminuída no Iémen: prevalência, alterações metabólicas associadas e factores de risco. *Diabetes Research and Clinical Practice* ; 65 (3) : 275-81.
- Molife, C. (2010). A depressão é um fator de risco modificável para a carga da diabetes? J. Primary Care Commun. Health .
- Moriwaki Y, Yamamoto T, Shibutani Y, Aoki E, Tsutsumi Z, Takahashi S, Okamura

H, Koga M, Fukuchi M, Hada T (2003). Níveis elevados de interleucina-18 e fator de necrose tumoral-alfa no soro de pacientes com diabetes mellitus tipo 2: relação com a nefropatia diabética. Metabolism ; 52:605- 08.

- Mosaad A. Abou-Seif a, Abd-Allah Youssef (2004). Avaliação de algumas alterações bioquímicas em pacientes diabéticos. *Clinica Chimica Ata*; 346 :161- 70

- MULLARKEY, C.J., D. EDELSTEIN, L. BROWNLEE(1990). Geração de radicais livres por produtos de glicação precoce: um mecanismo para a aterogénese acelerada na diabetes, Biochem. Biophys.Res. Comm.;173, 932-939

- Murphy G, Docherty AJ (1992). As metaloproteinases da matriz e os seus inibidores. Am J Respir Cell Mol Biol; 7:120- 25.

- Muzahir H. Tayebjee, H. Sern Lim, Robert J. MacFadyen e Gregory Y.H. Lip (2004). Matrix Metalloproteinase-9 and Tissue Inhibitor of Metalloproteinase-1 and -2 in Type 2 Diabetes. *Diabetes Care*; 27 (8):2049- 51 .

- Nakanishi K, Yoshimoto T, Tsutsui H, Okamura H (2001). A interleucina-18 regula as respostas Th1 e Th2. *Annu Rev Immunol* ; 19:423- 74.

- Narayanappa D, Rajani HS, Mahendrappa KB, Prabhakar AK (2011). Prevalência de pré-diabetes em crianças que frequentam a escola. *Indian Pediatr* ; 48(4):295- 99.

- Netea MG, Joosten LA, Lewis E, Jensen DR, Voshol PJ, Kullberg BJ, Tack CJ, van Krieken H, Kim SH, Stalenhoef AF, *et* al.(2006). A deficiência de interleucina-18 em ratinhos conduz a hiperfagia, obesidade e resistência à insulina. *Nature medicine* ; 12(6):650- 56.

- Nikolaus Marx, Johannes Froehlich, Laila Siam, Jochen Ittner, Gerhard Wierse, Arnold Schmidt, Hubert Scharnagl, Vinzenz Hombach, Wolfgang Koenig (2003). Antidiabético PPARy-Activator Rosiglitazone Reduces MMP-9 Serum Levels in Type 2 Diabetic Patients With Coronary Artery Disease. *Arteriosclerosis, Thrombosis, and Vascular Biology;* 23: 283- 88.

- Norris SL, Zhang X, Avenell A, Gregg E, Bowman B, Schmid CH, Lau J (2005).Intervenções não farmacológicas de longo prazo para perda de peso em adultos com pré-diabetes. *Cochrane Database of Systematic Reviews ;* CD005270.dol:10.1002/14651858.CD005270.

- Okamoto T, Akaike T, Sawa T, Miyamoto Y, van der Vliet A, Maeda H. (2001) Activation of matrix metalloproteinases by peroxynitrite-induced protein S-glutathiolation via disulfide S-oxide formation. J Biol Chem 276: 29596-29602.

- Okamura H, Tsutsui H, Kashiwamura S, Yoshimoto T, Nakanishi K(1998). Interleukin-18: a novel cytokine that augments both innate and acquired immunity. Adv Immunol 70:281-312,

- Opara EC (2002). Stress oxidativo, micronutrientes, diabetes mellitus e suas complicações. *J R Soc Health*;122(1):28- 34.

- Papazafiropoulou A , Perrea D, Moyssakis I, Kokkinos A, Katsilambros N, Tentolouris N (2010). Os níveis plasmáticos de MMP-2, MMP-9 e TIMP-1 não estão associados à rigidez arterial em indivíduos com diabetes mellitus tipo 2. *J Diabetes Complications.* ;24(1):20-7

- Pasaoglu H, Sancak B, Bukan N(2004). (Peroxidação lipídica resistência à oxidação em pacientes com diabetes mellitus tipo 2. *Tohoku J Exp Med* ; 203:211-218.
- Petitti DB, Imperatore G, Palla SL, Daniels SR, Dolan LM, Kershnar AK, et al (2007). Grupo de estudo SEARCH for Diabetes in Youth. Lípidos séricos e controlo da glicose: o estudo SEARCH for Diabetes in Youth. *Arch Pediatr Adolesc Med* ;161(2):159- 65.
- Pickup JC. (2004). Inflamação e ativação da imunidade inata na patogénese da diabetes tipo 2. Diabetes Care ;27(3): 813-823.
- Pradhan A (2007). Obesity, metalic syndrome, and type 2 diabetes: inflammatory basis of glucose metabolic disorders. *Nutr Rev* ;65: 15256.
- Prakash S, Sudha S (2012).Peroxidação lipídica e estado antioxidante em pacientes do sul da Índia com diabetes mellitus tipo . IRJP; 3(3): 132- 34.
- Prakash S, Sudha S (2012).Peroxidação lipídica e estado antioxidante em pacientes do sul da Índia com diabetes mellitus tipo . *IRJP*; 3(3): 132- 34.
- Qing Zhong e Renu A. Kowluru (2013). Regulação da Matriz Metaloproteinase-9 por Modificações Epigenéticas e o Desenvolvimento da Retinopatia Diabética. *Diabetes ;* 62 (7) 2559- 68.
- Rahbani-nobar M.E., Rahim-Pour A., Rahbani-Nobar M ,F. Adi-Beig F., Mirhashemi S.M. (1999) . Capacidade antioxidante total, superóxido dismutase e glutationa peroxidase em pacientes diabéticos. *Jornal médico da Academia Islâmica de Ciências*; 12:4, 109-14,.
- Rahman Q, Abidi P, Afaq F, et al.(*1999).* Glutathione redox system in oxidative lung injury. Crit Rev Toxicol. ;29: 543-68
- Rajagopalan S, Meng XP, Ramasamy S, Harrison DG, Galis ZS (1996). As espécies reactivas de oxigénio produzidas por células espumosas derivadas de macrófagos regulam a atividade das metaloproteinases da matriz vascular in vitro. Implications for atherosclerotic plaque stability. J *Clin Invest.* ; 98: 257279.
- Resnikoff,S., Pascolini, D., Etya'ale, D., Kocur, I., Pararajasegaram, R., Pokharel,G.P. (2004) Global data on visual impairment in the year 2002, Bull.World Health Organ (82)844-851.
- Rosen P, Nawroth PP, King G, Moller W, Tritschler HJ, Packer L.(2001) The role of oxidative stress in the onset and progression of diabetes and its complications: a summary of a Congress Series sponsored by UNESCO- MCBN, the American Diabetes Association and the German Diabetes Society. Diabetes Metab Res Rev.;17(3):189-212.
- Sait Celik e Hatice Akkaya (2009). Capacidade Antioxidante Total, Catalase e Superóxido Dismutase em Ratos Antes e Depois da Diabetes. Journal of Animal and Veterinary Advances; 8 (8): 1503- 08.
- Salvatore Santo Signorelli (2005): níveis plasmáticos e actividades zimográficas da metaloproteinase de matriz 2 e 9 em diabéticos de tipo II com doença arterial periférica. Vasc Med; 10 (1): 1-6.
- Sampson M, Davies I, Gavrilovic J, et al (2004). Metaloproteinases da matriz plasmática, oxidabilidade da lipoproteína de baixa densidade e moléculas de adesão

solúveis após uma carga de glicose na diabetes tipo 2. Cardiovasc Diabetol. ;3:7-14.

- Saurabh RamBihariLal Shrivastava*, Prateek Saurabh Shrivastava e Jegadeesh Ramasamy (2013). Role of self-care in management of diabetes mellitus. Jornal de Diabetes e Distúrbios Metabólicos; 12:14

- Savage DB, Petersen KF, Shulman GI. Mechanisms of insulin resistance in humans and possible links with inflammation (Mecanismos de resistência à insulina em humanos e possíveis ligações com a inflamação). Hypertension. 2005; 45(5):828-833.

- Shaw MH, Reimer T, Kim YG, Nunez G (2008). Receptores do tipo NOD (NLRs): sensores microbianos intracelulares de boa-fé. Curr Opin Immunol ; 20:377-82.

- Shiro Uemura, Hidetsugu Matsushita, Wei Li, Alexander J. Glassford, Tomoko Asagami, Keun-Ho Lee, David G. Harrison, Philip S. Tsao (2001). Diabetes Mellitus Enhances Vascular Matrix Metalloproteinase Activity ,Role of Oxidative Stress. Circulation Research; 88: 1291- 98 .

- Signorelli SS, Malaponte G, Libra M, et al (2005). Níveis plasmáticos e actividades zimográficas das metaloproteinases de matriz 2 e 9 em diabéticos de tipo II com doença arterial periférica. Vasc *Med.* ; 10:1-6.

- Song F, Jia W, Yao Y, Hu Y, Lei L, Lin J, Sun X, Liu L(2007). Stress oxidativo, estado antioxidante e danos no ADN em doentes com regulação deficiente da glucose e diabetes tipo 2 recentemente diagnosticada. *Clin Sci (Lond)* ; 112:59906.

- Sourav Kundu , Sathnur B. Pushpakumar , Aaron Tyagi , Denise Coley , Utpal Sen (2013). Deficiência de sulfeto de hidrogênio e remodelação renal diabética: papel da matriz metaloproteinase-9.*American Journal of Physiology - Endocrinology and Metabolism* ; 304 : 1365- 78

- Sternlicht MD, Werb Z (2001). Como as metaloproteinases da matriz regulam o comportamento celular. Ann Rev Cell Dev Biol 17: 463-516,.

- Steven M. Haffner, Andrew S. Greenberg, Wayde M. Weston, Hongzi Chen, Ken Williams, Martin I. Freed (2002). Effect of Rosiglitazone Treatment on Nontraditional Markers of Cardiovascular Disease in Patients With Type 2 Diabetes Mellitus. *Circulação.* ; 106: 679-84

- Sushma Verma, Nibha Sagar, Pushpank Vats, KN Shukla, Mohammad Abbas, Monisha Banerjee (2013). NÍVEIS DE ENZIMAS ANTIOXIDANTES COMO MARCADORES DE DIABETES MELLITUS TIPO 2. International Journal of Bioassays ; 2, (4) :685- 90.

- *Takebayashi K, Matsumoto S, Aso Y, Inukai T(2006). O bloqueio da aldosterona atenua a proteína-1 quimioatraente urinária e o stress oxidativo em doentes com diabetes tipo 2 complicada por nefropatia diabética. J Clin Endocrinol Metab ; 91 : 2214 - 17.*

T Taniguchi N. (1992). Significado clínico das superóxido dismutases: alterações no envelhecimento, diabetes, isquemia e cancro. *Adv Clin Chem;*29: 1-59.

- Thaneerat, T., Tangwongchai, S., Worakul, P.(2010). Prevalência de depressão, nível de hemoglobina A1C e fatores associados em pacientes ambulatoriais com diabetes tipo 2.Asian Biomed. (Research Reviews and News) ;3:383.

- Thorand B, Kolb H, Baumert J, Koenig W, Chambless L, Meisinger C, Ilig T, Martin S, Herder C (2005). Níveis elevados de interleucina-18 predizem o desenvolvimento de diabetes tipo 2: resultados do estudo Monica/Kora Augsburg 1984-2002. *Diabetes* ;54:2932- 38.

- Troseid M, Seljeflot I, Weiss TW, Klemsdal TO, Hjerkinn EM, Arnesen H (2009).A rigidez arterial está independentemente associada à interleucina-18 e aos componentes da síndrome metabólica. *Atherosclerosis* ; no prelo

- Uemura S, Matsushita H, Li W, Glassford AJ, Asagami T, Lee KH (2001). A diabetes mellitus aumenta a atividade da metaloproteinase da matriz vascular: papel do stress oxidativo. *Circ Res* ; 88:1291- 98.

- Ugochukwu N H, Babady N E, Cobourne M e Gasset S R (2003). O efeito dos extractos de *Gongronema latifolium* no perfil lipídico sérico e no stress oxidativo em hepatócitos de ratos diabéticos; *J. Biosci.* ; 28: 1-5.

- Undurti N. Das (2008). Risco de diabetes mellitus tipo 2 em pessoas com hipertensão arterial._Eur *Heart J* ; 29 (7): 952- 53.

- Urakawa H, Katsuki A, Sumida Y,(2003). O stress oxidativo está associado à adiposidade e à resistência à insulina nos homens. J Clin Endocrinol Metab.;88(10):4673-4676.

- Vera Portik-Dobos , Mark P. Anstadt Jimmie Hutchinson , Mary Bannan e Adviye Ergul (2002). Evidência de um Sistema de Indução/Ativação de Matriz Metaloproteinase na Vasculatura Arterial e Diminuição da Síntese e Atividade no Diabetes. Diabetes ; 51 (10): 3063- 68.

- Walden CE, Knopp RH, Wahl PW, Beach KW, Strandness E Jr(1984). Sex differences in the effect of diabetes mellitus on lipoprotein triglyceride and cholesterol concentrations. N Engl J Med ; 311(15):953- 59.

- Wandell PE, Johansson SE, Gafvels C, Hellenius ML, de Faire U, Sundquist J (2008). Estimativa da prevalência da diabetes entre os imigrantes do Médio Oriente na Suécia, utilizando três fontes de dados diferentes. Diabetes *Metab*; 34 (4 Pt 1):328-33.

- *Weihrauch D, Lohr NL, Mraovic B, Ludwig LM, Chilian WM, Pagel PS, Warltier DC, Kersten JR (2004). A hiperglicemia crónica atenua o desenvolvimento de colaterais coronárias e prejudica as propriedades proliferativas do líquido intersticial do miocárdio através da produção de angiostatina. Circulation ; 109: 2343- 48.*

- Wen-Chung Tsai , Fang-Chen Liang,, Ju-Wen Cheng,, Li-Ping Lin, Shih- Chieh Chang, Hsiang-Hung Chen e Jong-Hwei S Pang (2013). A alta concentração de glicose regula positivamente a expressão da metaloproteinase-9 e -13 da matriz nas células do tendão. *BMC Musculoskeletal Disorders;* 14:255

- *Williams MD, Nadler JL .(2007). Mecanismos inflamatórios das complicações diabéticas.* Curr Diab Rep 7 *;* 242 **-48**.

- Winkley, K. (2008). A epidemiologia da depressão na diabetes. Eur. Diabetes Nurs.; 5 : 91- 6.

- Yoshimasa Aso ,Ki-ichi Okumura , Kohzo Takebayashi , Sadao Wakabayashi e Toshihiko Inukai (2003). Relationships of Plasma Interleukin-18 Concentrations to

Hyperhomocysteinemia and Carotid Intimal-Media Wall Thickness in Patients With Type 2 Diabetes. Diabetes Care; 26 (9): 2622- 27.

- Yu BJ e Cho-HC (1993): A atividade das enzimas antioxidantes dos eritrócitos na diabetes mellitus. Korean J Int Med ; 44:766- 74 .

- Yusuf S, Hawken S, Ounpuu S, Dans T, Avezum A, Lanas F, et al (2004). Investigadores do estudo INTERHEART. Effect of potentially modifiable risk factors associated with myocardial infarction in 52 countries (the INTERHEART study): case-control study. Lancet ;364(9438):937- 52.

- Zhang, X., Gregg, E.W., e Cheng, Y.J.(2008). Diabetes mellitus e deficiência visual. Inquérito nacional sobre exames de saúde e nutrição, 1999-2004. Arch Ophthalmol (126)1421-1427.

- Zilverschoon GR, Tack CJ, Joosten LA, Kullberg BJ, Meer JW, Netea MG (2008) . Resistência à interleucina-18 em pacientes com obesidade e diabetes mellitus tipo 2. Int J *Obes (Lond)* ; 32:1407- 14.

- Zirlik A, Abdullah SM, Gerdes N, MacFarlane L, Schonbeck U, Khera A, et *al*. (2007). Interleukin-18, the metabolic syndrome, and subclinical atherosclerosis: results from the Dallas Heart Study. *Arterioscler Thromb Vasc Biol* ; 27:2043- 49.

Printed by Books on Demand GmbH, Norderstedt / Germany